互联网+时代 APP系统性 服务设计与创新

韩清波◎著

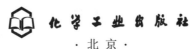

化学工业出版社

·北京·

内 容 简 介

本书首先介绍了服务设计的概念和特征，介绍了中国B2C网络购物特征、客户特征和运营体系，之后分别介绍了网购类、直播类、教育类和社区类手机应用程序的设计及案例分析，最后介绍了农产品手机应用程序的服务设计程序开发以及系统性服务设计的整体流程。

本书适合视觉传达设计人员、服务视觉化培训人员、大中院校相关专业师生以及设计爱好者等阅读参考。

图书在版编目(CIP)数据

互联网+时代APP系统性服务设计与创新／韩清波著. —
北京 ： 化学工业出版社， 2021.12（2023.1重印）
ISBN 978-7-122-40314-8

Ⅰ．①互… Ⅱ．①韩… Ⅲ．①移动终端—应用程序—
程序设计 Ⅳ．①TN929.53

中国版本图书馆CIP数据核字(2021)第231813号

责任编辑：徐 娟　　　　　　　　　　　　装帧设计：中海盛嘉
责任校对：宋 玮　　　　　　　　　　　　封面设计：王晓宇

出版发行：化学工业出版社(北京市东城区青年湖南街13号　邮政编码100011)
印　　装：北京宝隆世纪印刷有限公司
710mm×1000mm　1/16　印张8½　字数 200千字　2023年1月北京第1版第2次印刷

购书咨询：010-64518888　　　　　　　　售后服务：010-64518899
网　　址：http://www.cip.com.cn

定　　价：84.00元

前言

　　2015年，在第十二届全国人民代表大会第三次会议上，政府工作报告首次提出了"互联网+"行动计划，这是一项利用移动互联网、大数据等前沿数字技术，推动娱乐、教育、制造业、医疗、农业等传统产业发展，打造新兴产业的行动计划。根据中国互联网络信息中心（CNNIC）的数据，2020年，网络零售在新型冠状病毒肺炎疫情的挑战下体现出强大的社会支撑能力，保障了各类生活必需品的及时供应，互联网购物商城已成为中国数字经济的重要组成部分，中国也迅速成为全球最大的电子商务市场。在"互联网+"的大环境中，涌现出了一批新型的互联网领域，如直播类、教育类、社区类、网购类等，本书从新型互联网领域中选取了几个热门手机应用程序（APP）进行服务设计的分析，为今后有机农产品网上购物商城开发设计提供借鉴和帮助。

　　首先，直播类手机应用程序开发主要有三种类型，即B端（网页）、C端（APP界面）以及硬件产品，其中直播类主要是选择C端创业服务模式，内容范围主要包括综合、音乐、美妆、旅游、购物、游戏等。其中，YY依靠语音通信发展，并逐渐转型成为集游戏、体育、美食等为一体的综合直播平台；移动电竞行业的发展使得游戏类直播平台受到了更多关注且拥有较大的市场商机，特别是根据近期的市场统计数据显示，斗鱼直播增粉能力甚强，MAU（活跃用户人数）增长极快。其次，随着互联网大数据技术及云技术的不断发展，教育网络化已经成为教育改革的一种主流趋势，"互联网+"教育将成为未来学习的主流方式。但是一款设计良好的手机应用程序不仅可以减轻老师的教学工作量，使教学效果更加高效直观，还可以突破时间、空间上的限制，使优质的教育资源得到共享。最后，社区类手机应用程序分为论坛类社区、算法类社区、问答类社区等。从 2019 年起信息和知识大爆炸带动了社区类手机应用程序数量激增，涌现出以论坛为主的"虎扑"、算法类社区"小红书"、问答类社区"知乎"等各种社区类手机应用程序，从而满足大众对信息和知识的各种需求。

本书侧重于研究购物类手机应用程序，购物类手机应用程序传统上分为B2B模式、B2G模式、C2C模式、B2C模式。B2B模式是中国第一个电子商务方式，也是中国电子商务的主流市场，B2B模式的企业在保证产品质量的前提下，提供换货、加急等超值服务，来赢得广大客户的信任。

随着中国的网上购物商城逐步进入成熟期，人们生活水平的提高和对食品安全问题的关注，人们的购物习惯开始从线下转为线上，而饮食安全习惯也从重食轻质逐渐转变为重质轻食。消费者对安全食品需求的增加，将使得诸如有机农产品网上购物商城等网络商城的数量进一步增长。但是有机农产品购物与普通购物一样，存在以强大的品牌力量为基础的大企业或跨国企业的分公司或特约经销形式的购物商城正在向以大城市为中心发展的问题。因此，在论证建立区域性有机农产品网上购物商城的必要性的同时，挖掘中小地区有机生鲜农产品的生产者，为网上购物商城的建设提出服务设计显得十分必要。

本书采用英国设计委员会（Design Council）开发的"双钻石（the

double diamond）服务"设计程序，建设以用户为中心，为中小地区提供有机农产品网上购物商城。虽然服务设计是与多个领域的专家合作的结果，但本书将研究范围定为从设计师角度提出的原型提案。本书首先围绕中国的"互联网+"政策、B2C商城和客户特征、中国B2C网上购物商城的设计和系统、农产品商城用户的有机农产品购销因素，以中国和韩国的专业学术刊物、图书等的文献资料为中心，调查并进行分析。在理论研究的基础上，发现了建立本地有机鲜活农产品网上专业购物商城的必要性和可行性，然后挖掘本地品牌，通过访谈和问卷调查来了解企业和客户的需求，之后制作关于网上购物全过程的"服务蓝图"，设计模型。

本书的研究对象是山东省寿光市某品牌投资集团有限公司的某蔬菜品牌。寿光位于山东省中部地区，地理位置优越，是集先进的蔬菜栽培、储藏、交易、流通于一体的中国最大的国际蔬菜批发物流园区，被誉为中国农产品的领军者。而且该蔬菜品牌是专业生产和出口有机蔬菜的合作社，是有机蔬菜产业的骨干，在国内外享有很高知名度。本书建议该蔬菜品牌建立直接出售给顾客的以地区为基础的B2C网上新鲜蔬菜专门购物商城。为此，运用服务设计流程和方法设计一款手机购物应用软件的原型，使消费者在购物的全过程中都能获得正面的购物服务体验。

笔者要感谢韩国群山大学李知铉教授、张卉博士协助进行了材料的收集，以及孔鑫鑫、赵雪波、刘利利等同志对本书的审核。由于笔者学识与精力有限，对于服务设计的研究仍然在探索阶段，本书尚存在疏漏与表达未尽之处，恳请同行专家和广大读者予以批评指正。

韩清波

2021年9月

目录

CONTENTS

绪论

在过去的30年里，曾经依靠制造业和出口拉动经济的中国开始致力于在刺激内需从而带动全国经济发展的同时，施行"互联网+"政策，积极扶持传统产业、服务业和相关的互联网产业。受国家政策的影响，中国电子商务交易市场中B2B（Business to Business，企业对企业）、B2G（Business to Government，企业对政府）、C2C（Consumer to Consumer，消费者对消费者）、B2C（Business to Customer，企业对消费者）、C2M（Consumer to Manufacturer，消费者对制造者）、C2B（Consumer to Business，消费者对企业）等多种交易方式并存，并且发展非常迅速。在B2C网络购物领域，虽然整个行业被大企业和全球企业垄断，但同时也形成了消费者对此交易模式较高的信赖度，使其成为中国最具安全性和信赖度的交易模式。本书首先对网购类手机应用程序（APP）、直播类APP、教育类APP、社区类APP进行服务设计的系统性分析，因为这对后期的研究起着至关重要的作用。

笔者重点选取互联网购物进行延展性研究。通过互联网，中国的消费者可以购买到世界各地种类繁多的产品，涵盖从日常生活必需品、电器等工业品到农副产品等各个领域。特别是随着消费者对食品安全和品质要求的日益提高，消费者对于有机农产品的购买需求急剧增加。虽然通过互联网购物商城可以方便快捷地购买到新鲜有机农产品，但由于其商品的特殊性，这种方式仍存在诸多急需解决的问题，大体可以分成以下四类。

第一，在购买发生时，由于网站只提供商品的图片或简单的文字信息，顾客无法全面了解该商品，导致售后出现大量退货和换货的情况。第二，在互联网购物的过程中，消费者所享受的服务是根据供给方的意愿制定和提供的，无法真正满足消费者对于服务的个性化需要。第三，大型企业和跨国企业几乎垄断了农产品的网上销售，直接导致了地域商业圈弱化和只以大城市及其邻近城市为目标人群，忽视中小城市需求的地域供应不平衡问题。第四，在农产品进口大幅增长，抢占国内市场的同时，由于国内防腐剂和农药的过量使用，消费者对于国产农副产品的信赖度愈发降低。

经分析，造成这些问题的根本原因是以消费者为中心的购买服务规划的缺失。目前急需通过虚拟项目案例来模拟提供优质有机农产品和贴心服务的服务设计来进行企业升级，建立以满足消费者需求为首要任务的经营策略和方向。为此，本书运用英国设计委员会提出的包括发现问题、定义问题、开发服务和传达服务四个阶段的双钻石设计方式，提供关于移动购物应用软件的设计原型，从而增加地域型有机农产品生产企业的影响。

本书在发现问题阶段，全面展示了与中国互联网相关的政策及产业发展现状。目前，中国的B2C互联网购物商城以建立"互联网+"政策、宽带互联网与移动设备使用环境、金融科技产业及构建O2O（Online to Offline，线上到线下）渠道等的联系为主要发展方向。中国消费者也偏好选择认知度和信赖度较高的品牌或生产商，以及拥有从成为会员开始至货品收取成功，可以确保在购买过程中体验到系统和设计的便利性、付款的安全性及便捷性等优点，并且可以使用移动购物应用软件进行消费活动的互联网购物商城。

本书的虚拟项目内容选择位于山东省寿光市的某品牌投资集团有限公司，对其进行B2C有机农产品网络购物商城的全方位升级改造，为实现各区域发展均衡化和国内市场活跃化的最终目的提供合理的服务设计模板。同时，本书随机选择青岛、烟台、济南、威海等二线和三线城市的300名常住居民为潜在消费者进行问卷调查，通过170名受访者的有效回复，明确了有机农产品网络购物的广阔的市场消费前景。虽然这些受访者对于使用互联网购买新鲜有机蔬菜有较高的意愿，但也表示为了确保其购物的便利性和可靠性，希望商家可以提供有机农产品的合格证书或相关详细的产品信息。同时第三方支付或货到付款的支付方式更受消费者青睐。此外，由于消费者对这类产品的新鲜度有很高的要求，购买后3h内，当日派送或者亲自取货等更能满足消费者需求。

本书在定义问题阶段，为某品牌投资集团有限公司设计改善网络购物商城方案时，主要考虑八个要素。第一，为了成功进入B2C市场，该品牌投资集团有限公司应充分利用已经在国内拥有的优质有机蔬菜正面形象的某蔬菜品牌。其次，某品牌蔬菜将在五年内，分两个阶段进行服务设计改造。第一阶段将在两年内建立一个包括生产、收集、储存、商业化、销售和配送的网络，为生活在二线和三线城市的消费者提供服务。第二阶段计划在余下的三年内，使某品牌有机农产品互联网购物商城涵盖公司所在省的所有城市，为生活在四线城市的客户提供优质的服务。第三，为了满足更大的消费群体，将设计使用具有移动性、方便性、安全性和互补性的移动购物应用软件。第四，移动购物应用软件将提供关于有机农产品的合格认证和详细信息，使消费者可以充分地了解该产品。第五，为了使消费者更享受购物过程，本移动购物应用软件中将不提供任何广告，只在需要时，提供部分社交网络服务。第六，提供第三方付款和货到付款等多种支付方式。为长期会员提供储蓄金支付方式，为确保会员特权将提供账户存钱的服务。第七，由于网站运营商也直接管理产品的生产和供货，可以为消费者提供折扣较高的特价产品和组合产品，同时销售可用作礼品的电子优惠券。第八，优先选择在客户需要的时间和地点进行配送的同时，提供能够实时检查产品来源和配送状态的服务。基于这些主要考虑因素，将从服务设计的角度，为下一阶段移动购物应用软件的设计绘制服务蓝图。在服务蓝图中，将用户行为、前台服务提供者行为、后台服务提供者行为和支持过程中服务传达的过程全部可视化。

本书在开发阶段，使用了分辨率为1440px × 2880px、"Low Fidelity"的华为Mate RS型号的智能手机作为移动购物中心设计的原型，利用Mockplus应用软件进行界面设计。为了维持该蔬菜品牌的品牌识别和影响力，将继续使用目前的商标。出于较高的可读性考虑，黑体将作为主体字体来使用。主要色彩是 R140 G198 B62，辅助色彩是 R206 G229 B108 和 R252 G0 B30。基本构架由顶部的导航条、特殊内容、显示专门内容的内容视图和底部导航功能的工具条组成。

信息结构包括顶部的菜单、标签、购物车和个人主页。个人主页的设计和功能元素包括八个快速浏览图标，包括特价商品、菜篮子和会员优惠、充值、e-商品券、食用方法、配送追踪、直播。因为没有弹出式页面或广告页面，软件桌面将有一个图标以便消费者可以在主页上快速找到自己常用的重要功能。

本书在服务传达阶段，由于对该蔬菜品牌的相关人员和潜在客户参与的必要性研究，建立了实用性测试的计划，并将在下一阶段的研究中进行。首先，以移动应用软件设计专业团队为对象，并选择雅各布·尼尔森公司对于低精度原型深度访谈的启发式评估法进行应用评估。之后，应用交互功能的高保真度的数字原型选择以该蔬菜品牌相关人员和潜在客户为主体，进行实用性测试，以便最终方案的修订和真正实施。

根据双钻石设计法，在前期调查中降低的该蔬菜品牌移动购物应用软件实用性的改善方案具有以下意义。首先，通过让潜在消费者参与从问卷调查到实用性测试的开发过程，有助于提供以消费者为中心的服务，从而带给其积极的购物体验。其次，公司所在省的区域农产品生产和提供企业可以为本省二、三、四线城市的客户提供优质的有机新鲜蔬菜，为区域平衡发展提供积极的案例。

第一章

服务设计的概念和特征

第一节　服务设计的由来

　　1982年，肖斯塔克发表论文"服务设计的方法（How to design a service）"，奠定了服务设计研究的基础；1984年，肖斯塔克在《哈佛商业评论》中首次提出服务蓝图（service blueprint）一词，他将融合物质和非物质元素的扩展设计形式定义为服务设计。当时，服务设计的目的是由前端行为、过程和结果组成的服务过程，作为一种基于可见性管理和客户之间的交互的手段。1991年，吉尔（Gill）和比尔·霍林斯（Bill Hollins）在他们的著作《总体设计》中加入了对设计和管理的综合性观点。同年，在德国科隆国际设计学院（Köln International School of Design，简称KISD）任教的迈克尔·埃尔霍夫（Michael Erlhoff）教授最早提出了服务设计的概念。在迈克尔·埃尔霍夫教授将服务设计纳入设计的一个领域，并开设了一门独立的课程后，服务设计才成为今天这个概念，如图1-1所示。

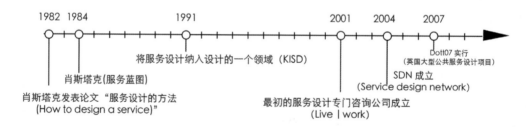

图1-1　服务设计的由来时间轴

　　2001年，服务设计咨询公司Live | work成立，它是国际上第一所专注于服务设计的设计咨询公司，由克里斯·潼恩（Chris Down）、本·里森（Ben Reason）和拉夫朗斯·乐维亚（Lavrans Løvlie）三位创始人在英国伦敦成立。2004年，国际服务设计联盟由卡内基·梅隆大学（美国）、林雪平大学（瑞典）、米兰理工大学（意大利）和多莫斯设计学院（意大利）等大学在2004年联合创建。这是一家非盈利机构，将机构、企业和政府内的专业人员联系起来，以加强公共和企业部门中服务设计的影响。

旨在以学术的专业角度推广服务设计理念，用于指导企业的服务产业实践。SDN的建立帮助服务设计在全球教育界进行推广与普及，并在全世界推广。到21世纪初，英国出现了第一批服务设计机构，如Live | work、Engine、Think Public和Participle等，它们已经将设计服务范围从商业领域扩大到社会创新和社会公共平台开发的公共服务设计领域。这一趋势反映在2007年由英国设计委员会发起名为"时代设计"（Design of the Times，DOTT）的创新设计计划，目的是让公民共同参与到设计和创新的过程中，改善国家的社会、环境和经济等。

服务设计的特点是：第一，与产品不同，具有无形性（intangibility）；第二，异质性，难以标准化（heterogeneity）；第三，生产、购买、消费不能同时发生，不可分离（inseparability）；最后，在不可能保存和储存的层面上，表现为易逝性（perishability）。服务设计的核心是通过对具有这些特征的服务进行视觉化、实际化和标准化的设计，提供一致的体验。表1-1是服务设计的特征和主要目的。

表1-1　服务设计的特征和主要目的

特征	特征意义	主要目的
无形性	●无法存储，无法显示或传输 ●定价困难	可视化很重要
异质性	●服务质量涉及许多我们无法控制的因素 ●难以保持服务水平相同	标准化很重要
不可分离	●客户参与并影响交易 ●难以量产	客户联系管理很重要
易逝性	●与生产同时销毁 ●无法储存且无法退还	经验很重要

通过上述对服务设计的由来、服务设计的特征和主要目的三个方面的阐述，我们对服务设计有了一个初步整体的了解，接下来阐述服务设计的概念以及各个领域是如何给服务设计定义的。

第二节 服务设计的概念

服务具有不可触摸的无形性和抽象性，但与有形的产品相关。服务是一个对象为另一个对象提供特定的活动或物质上、心理上的益处，是无偿或有偿的活动。就服务而言，与有形的商品一样，可以采用由国际组织或民间组织开发的标准服务质量指标及评价管理指标进行评价。然而，从消费者或用户的角度出发对服务过程进行创新规划和使服务可视化的需要，导致了服务设计的出现。

1984年，由花旗银行和营销经理兼顾问林恩·肖斯塔克（Lynn Shostack）提出了一个服务蓝图，该蓝图从消费者的角度对在提供服务的整个过程中应该考虑的元素进行了模式化。1991年，科隆国际设计学院的迈克尔·埃尔霍夫教授和波吉特·麦格（Birgit Mager）教授将服务设计作为一个独立的设计领域引入，还将服务设计引入设计教育，并致力于相关的教学实践和研究。

韩国设计政策制定及研究机关——韩国设计振兴院定义服务设计是指在设计并传达服务的整个过程中使用设计方法，从而改变使用者的想法和行为，并提高使用体验的领域。因此可以通过加强以用户为中心的新的设计方法的研究，在制造方面提供服务或开发新的服务模式，从而创造新的附加值。此外，英国设计委员会将能够使一项服务变得有用、高效和富有吸引力的工作称为服务设计。在国家层面开展振兴设计政策的英国，主要通过公共项目发展服务设计。

先进的服务设计企业Live | work表示："服务设计是指随着触点和时间的推移，能够达到人们体验的设计。"发动机服务设计公司（Engine Service Design）认为服务设计是一门帮助开发和提供优质服务的专业领域。它还说："服务设计项目包括环境、通信、产品等设计的各个领域，开发使顾客轻松、满意、高效地享受服务的各个要素。"美国培尔视界培训机构Peer Insight也将服务设计定义为：为了服务革新，将沟通、空间、行动、人、事物、图式等构成服务的有形和无形要素总体排列，根据研究进行设计。韩国SK电讯公司表示，所谓的服务设计，是指为了保持与顾客的持续关系并强调企业想要传达的信息，将顾客和服务接触的所有接点设计的一贯性。

　　世界著名的服务设计研究员波吉特·麦格教授从消费者和供应商的角度提到服务设计，他是从消费者角度，创造方便、有吸引力、有效、高效、差异化的服务界面。在服务设计网络（Service Design Network，SDN）这个连接世界各地与服务设计相关的大学、公司和设计师的平台中，服务设计旨在提高服务提供者和客户之间的互动和服务质量，组织人员、基础设施、物理组件和通信等，它被定义为规划和设计的活动。

　　最初，服务设计被定义为在管理和营销领域规划和设计服务的活动。但是，随着服务设计含义和概念的扩展，它现在被解释为，在所有设计业务领域所需服务的综合含义。表1-2总结了学术界和企业中与服务设计相关的概念。其中，具有代表性的服务设计相关组织——服务设计网络（SDN）表示，服务设计的目标是"创造所有有用的、可取的、高效的和有效的服务"。此外，它被定义为一种以消费者体验和服务遭遇为主要价值的以人为本的方法。服务设计是一种设计集成战略、系统、流程和接触点的整体方法，被定义为以用户为中心，通过设计思维融合多个领域的迭代过程。

表1-2　服务设计的概念

词典	维基百科	提高服务提供商与客户体验、人员、基础设施和策划传播和服务的构成材料的活动
学术界	SDN	目标是创造有用、方便、可取、高效和有效的服务。我们专注于客户体验，并将服务质量作为我们的核心价值。它是一种以人为中心的方法来寻求、整合战略、系统和流程接口，它是一种考虑设计和面向用户的多学科的整体方法，它是一个系统的、迭代的过程，将方法和持续学习相结合
	哥本哈根交互设计研究所	服务设计的重点是通过新兴的现场经验结合使用无形和有形的媒介来创建一个角度。尤其当应用于零售、银行、交通和医疗等领域时，能为终端用户的体验提供好处。作为一种实践性设计，它通常会偏向于系统和流程，旨在为用户提供全面的服务
	Live | work	人们随着时间的推移聚集在一起，客户可以获得各种环节的体验，在体验过程中就可以涉及各种可以触及的接触点
企业	Engine Service Design	它是一个帮助开发和提供优质服务的专业领域，它是开发每个元素，使客户能够轻松、满意、高效地享受服务，涵盖环境、通信和产品等各个设计领域
	Design Thinkers	使用创造性的流程和方法设计和协调服务提供商和最终用户之间的交互

　　因此，服务设计的概念因研究人员、机构、公司和地区而异。但是，它也有一些共同的特点，即重视客户和用户的需求和体验、有形产品和无形服务、系统和可视化的集成以及有效和高效的价值。而且它不同于视觉设计、产品设计、环境设计等细分的传统设计，是涵盖多种观点和领域的综合性设计。也就是说，服务设计是一种将有形的产品和无形的服务视觉化的设计系统，以确定适合客户的服务，并建立个性化的服务战略和方向。

第三节　服务设计的要素和原则

一、服务设计的要素

顾客重视包括购买过程和购买前后在内的网上购物全过程的感觉、体验和价值等。因此，为了吸引或留住顾客，有必要提供积极体验的服务设计。发动机服务设计机构是英国设计商业协会组织的2016年英国设计奖DBA（Design Effectiveness Awards）的金奖获得者，该机构以市场表现作为重要标准，提出了人（people）、系统（system）、行动（actions）、价值（value）、提议（proposition）作为服务设计的要素，如图1-2所示。

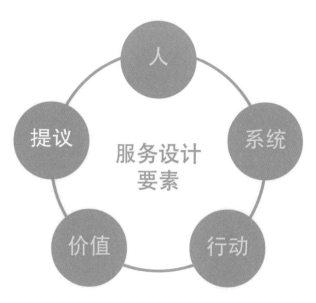

图1-2　发动机服务设计公司的服务设计要素

第一，人可以分为作为服务设计对象的服务提供者和作为用户的客户。第二，系统是指与整个过程相关的有形的和无形的系统。第三，行动是客户响应客户与系统交互接触点的具体行为。第四，价值是顾客在体验服务的过程中，通过对系统的心理和情感反应而获得的价值。第五，提议是指服务提供商提出的服务设计策略。这些服务设计要素只有有机地结合起来，才能有效、高效地实现服务设计。

二、服务设计的原则

服务设计业务管理和营销专家雅各·史奈德（Marc Stickdorn）和平面设计师马克·史蒂克敦（Jakob Schneider）提出了服务设计思维的五项原则，如图1-3所示。

第一个原则是以用户为中心。服务的中心是人，是服务体验的绝对要素，无论是提供商还是用户，都是人。服务设计提供商必须高效、有效地运营服务体系，让用户感受到服务的便捷性和吸引力，并且必须以用户为中心，让客户更具主动性。

图1-3　雅各·史奈德和马克·史蒂克敦的服务设计思维原则

第二个原则是共同创造。为了满足用户的需求和期望，包括用户在内的各种供应商的利益相关者如管理者、设计师、交付人员等都参与其中。此外，利益相关者通过交换服务计划制定和运营的能力和意见来设计服务。

第三个原则是排序。由于服务是发生在购买前、购买中和购买后各个阶段的动态过程，因此服务时间轴是服务设计中的一个重要元素。通过确定服务流程的顺序和节奏，形成用户与服务交互的服务时刻。

第四个原则是证据。服务设计使无形服务被可视化，以便用户通过设计媒介识别和记住它们。可视化为平台或产品的证据可以唤醒用户对服务的记忆，并通过情感联系将其强化为用户的积极形象。因此，精心策划的服务证据可以让用户继续服务体验，并可以提高用户的忠诚度。

第五个原则是整体观点。用户通过无意识或直觉感知的元素体验服务，因此，供应商必须考虑到整体环境和条件来规划和提供服务。

第四节 服务设计的过程和工具

服务设计内容，包括为谁、做什么、如何做以及产生什么结果。它首先针对具体的服务对象、目标、目的、流程、应用方法，比如谁、什么、如何提供、要达到什么结果等，进行综合规划。

发动机服务设计机构、Live｜work、Peer Insight、IDEO等全球服务设计咨询公司开发的服务设计存在多种流程。其中，英国设计委员会开发的双钻石模型（图1-4）是全球最常用的流程之一。该模型包括了发现阶段（discover）、定义阶段（define）、发展阶段（develop）和交付阶段（divergent）。它是通过思考和收敛性思维，发现服务使用者的潜在需求，并以具体实用的方式完成设计的过程。

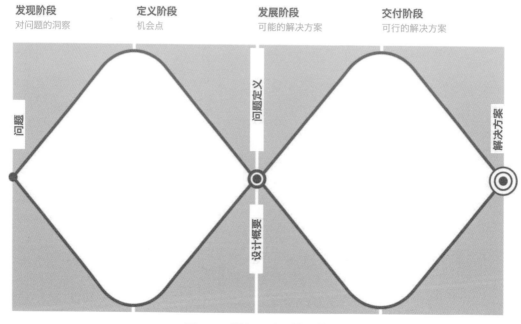

图1-4　服务设计双钻石模型

　　发现阶段是一种洞察力，它收集信息并清楚地识别问题的性质。作为一个步骤，它通过观察（observation）、问卷（questionnaire）、访谈（interview）、头脑风暴（brain-storming）、利益相关者地图（stakeholder map）和角色（persona）等方法进行。这一阶段要求服务设计师忘掉自身的行业经验，以一种全新独特的视角、类似于游客的心态去观察体验、注意新情况，并从中获取相应的灵感。定义阶段，通过寻找服务提供者与用户需求的接触点（contact point），推导出要解决的问题，确定服务方向。为此，可使用以下工具：卡诺模型（Kano Model）、故障模式与影响分析（Failure Mode and Effect Analysis）、商业模型画布（Business Model Canvas）、价值链分析（Value Chain Analysis）、质量功能部署（Quality Function Deployment）、客户旅程图（Customer Journey Map）、服务蓝图（Service Blueprint）和系统图（System Map）。发展阶段是开发设计的阶段，使用角色扮演（role-playing）、服务场景（servicescape）、场景（scenarios）、原型（prototype）等方法将解决方案具体化和可视化。交付阶段，对设计专家或用户进行测试、验证、评估、纠正和补充，可应用可用性测试（Usability Test）等方法进行。

　　为了建立可视化和实现无形服务并为客户提供一致体验的服务策略，应根据服务设计的类型和环境有选择地应用以上方法。在上面提到的众多方法中，服务设计经常使用如下九种工具。

　　第一，问卷调查（图1-5）。问卷调查是发现阶段典型的基本定量研究工具。问卷调查与桌面研究一起调查的结果，如报告、论文和视频数据等，用于研究或实际案例当中。调查问题通过纸质媒介或网络媒体提供给特定或不特定的调查对象，并根据目的、变量（variables）和规模

图1-5　问卷调查

（scale）进行统计和分析。通过这种方式可以获得有关研究对象的潜在需求、对现有服务、产品或公司的满意或不满意的数据。

第二，面谈。面谈是通过面对面、书面和视频通话的问答形式进行的调查。它是一种定性研究方法，可以找出受访者的需求、问题和偏好。面谈分为个人访谈、小组访谈、深度访谈（In-Depth Interview）、情境访谈（Contextual Interview）、专家访谈等，要根据情况调整问题，而不是按照既定的脚本提问。

第三，分析接触点（图1-6）。接触点是指客户在体验服务的过程中与供应商相关的节点，如产品、信息等，这些接触点蕴含了服务设计的对象和目的。通过接触点的有形实物证据，可以克服无形服务的局限性并预测客户的反应。当预测出服务流程中的所有接触点并将它们全部绘制出来时，就可以绘制客户旅程地图了。

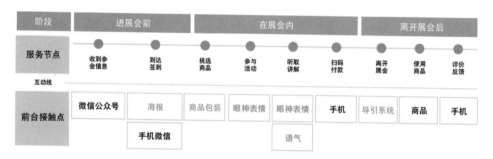

图1-6　接触点示意

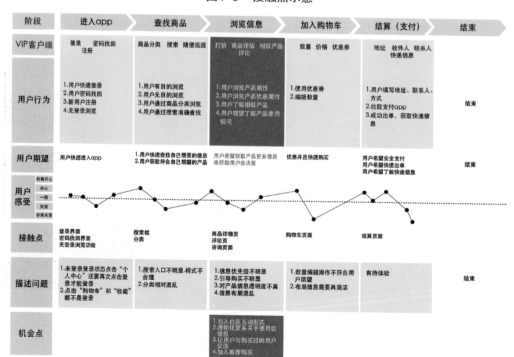

图1-7　客户旅程地图示意

第四，客户旅程地图（图1-7）。这是一种可以在定义阶段使用的工具，通过接触点（客户需求和服务交互的接触点）在地图上用可视化的办法体现出客户体验相关的满意度。为了从客户的角度看待和理解客户体验，我们需要预测整个客户旅程。首先，寻找客户满意度最高的接触点，加强与此相关的服务或系统，集中投资提供新价值，而且还要找到满意度最低的痛点并解决问题。其次，讲故事和可视化是旅程地图的基本方面，因为它们是一种以过程形态、流程性和简洁的方式传递信息的有效机制，并创建了一个共享的模式。客户旅程地图创建了一个客户体验的整体视图，正是这个完整的过程将不同的数据点集合在一起并可视化，并发现来自不同数据点的问题反馈，促进协作沟通并改善问题。

第五，服务蓝图。这种工具（图1-8），是由林恩·肖斯塔克提出的，并由管理顾问简·金曼·布伦戴奇（Jane Kingman Brundage）发展为服务流程，作为将服务交付过程的每个元素可视化为一个整体的核心方法，它可以应用于定义阶段或交付阶段。与客户旅程地图一样，从客户的角度来看，它详细映射了与供应商相关的所有利益相关者必须各自执行的角色和服务流程。在服务蓝图中，交互线（line of interaction）表示客户和利益相关者之间的直接关系；可见线（line of visibility）将客户可以亲眼看到的服务区域与不能看到的服务区域以及利益相关者之间的前瞻性工作分开；分离后端业务的内部交互线（line of internal interaction）可以预测每个利益相关者从服务前到服务后应该进行的程序、角色、方法和物理证据。

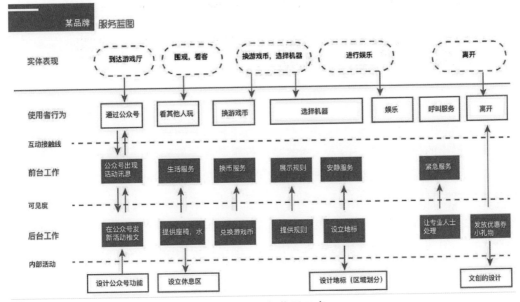

图1-8　服务蓝图示意

第六，系统图（以图1-9所示的E-meal系统图为例）。系统图也称为系统平台（system platform），它可以被调用并且可以在定义阶段应用。它是包括客户和服务提供商在内的所有利益相关者作为一个系统、信息、物质要素、非物质要素和资金流向的组织结构图。由于创建系统平台的方法和技术不是固定的，所以系统图可以根据设计者强调和组织的元素使用各种图标或布局来创建。系统图将产品和服务进行市场化的组合，把产品和服务联系起来，共同满足顾客的需求，在系统平台组合中，产品和服务的占比可以根据功能的实现或功能的经济价值而定。例如：互联网+APP平台应用就采用了服务设计系统平台工具，分析和研究互联网APP的服务模式来满足用户的各种需求。

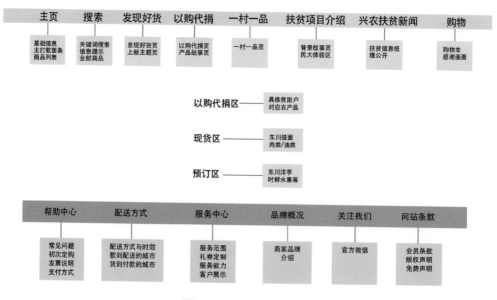

图1-9　E-meal系统图

第七，服务场景。服务场景是玛丽·乔·比特纳（Mary Jo Bitner）作为服务设计中的工具提出的概念（图1-10），指的是执行服务的环境要素。环境因素与自然环境形成对比，包括温度、光线、香味等认知因素，图案、色彩等审美设计元素，以及在服务提供者与顾客的关系中形成的与服务质量直接相关的社会因素。因此，客户满意度、态度和行为意向受到所提供服务环境的影响。服务场景原先是指主要服务发生的物理环境，但随着非物质性服务产业的出现，也包含了网络、移动应用程序等在线上的空间要素。

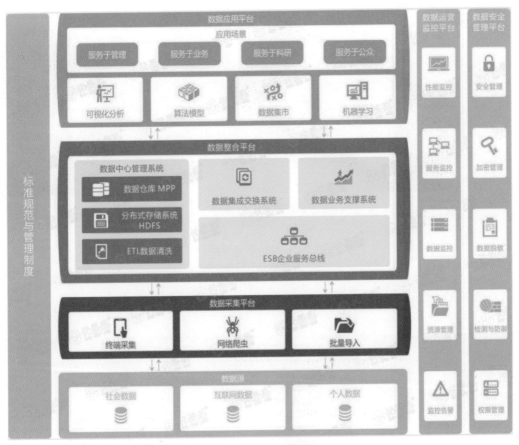

图1-10　服务场景框架

　　服务场景是服务企业创造的提供服务的特定舞台，是展示服务的综合物理环境与社会环境的集合。服务场景在服务营销中占有重要地位，服务原本无形，这种无形性使消费者难以直接、有效地对产品进行评价，从而可能延缓或误导消费者对服务产品的选择和消费。而服务场景可以给消费者提供有形支持，对消费者的影响巨大。正因为如此，服务场景也是经常使用的定位服务组织的最重要的方法之一。

　　第八，原型工具（图1-11）。原型工具是开发工具之一，是直接使用产品、服务、系统等的简单模型。根据开发阶段和目的，移动应用程序的原型要么是纸质（paper）原型，要么是交互操作有限的数字低保真（low fidelity）原型，或者是高保真（high fidelity）原型。原型既可以实现细节元素，也可以实现交互。

图1-11 原型工具示意

第九，可用性测试（图1-12）。这种工具为用户群体提供测试产品、服务和系统。此外，服务设计者和开发者可应用这种工具观察、倾听和记录用户的反应，并将其作为数据来改进和补充服务。使用原型或成品原型作为测试工具。

图1-12 可用性测试

第二章

中国B2C网络购物特征、客户特征和运营体系

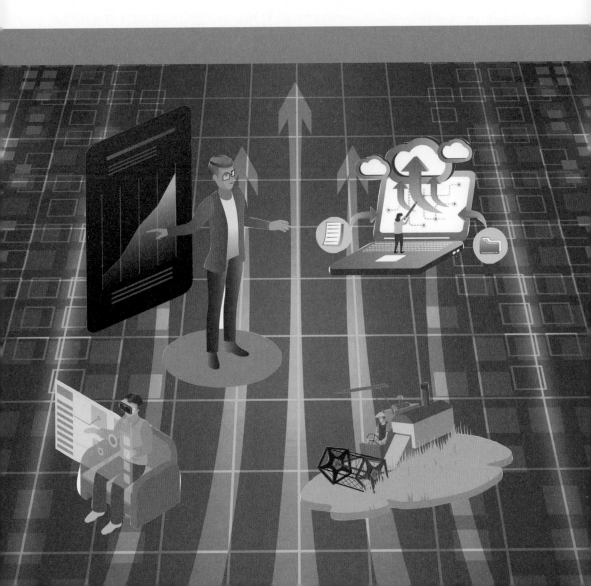

第一节 中国网络购物特征

电子商务以电子邮件、PC通信、家庭购物、家庭银行、电话订购等形式存在。随着互联网的普及，电子商务被理解为包括传统方式在内的网上购物、电视购物。中国第一个电子商务交易市场是1997年12月开设的，现在还在运营的有中国化工信息网（www.cheminfo.cn）。1997年和1998年形成了B2B和B2C模式的购物商城，中国电子商务的主体是由IT和媒体企业构成。也就是说，IT和媒体企业从技术牵引式（Technology Poll）开始，向流通企业灌输电子商务的意识，告知其必要性。1999～2000年，电子商务服务行业将电子商务普及到企业中，2001年电子商务开始蓬勃发展，形成了具有现代意义的电子商务模式。

互联网商城让顾客可以自由购物，不受时空限制，企业可以自由进出，并具有通过无实体店经营从而降低交易成本的优势。但是，还存在一些需要改进的地方，例如支付方式、产品开发、物流系统、密码和安全技术、认证系统、个人信息保护法和通信速度。尽管如此，它仍然处于增长趋势，导致产业结构发生变化，例如对物流等相关行业的增长产生了积极的影响。

近年来，尽管为消费者定制的客户到制造商C2M（Customer to Manufactory）、C2B（Customer to Business）等新模式不断涌现，但中国传统互联网市场根据交易双方的实体不同，分为B2B、B2G、C2C、B2C。1997年，中国化工信息网B2B商城成立，1998年产生第一笔交易，拉开了中国电子商务的序幕。1999年5月，B2C商城8848开业（2000年关闭）。1999年8月，Ebay中国子公司易趣网（www.eachnet.com）C2C商城出现，填补了中国电子商务C2C的空白。

B2B市场主要交易机械、零部件、工具、设备、原材料等。由于通信技术的发展和传播，市场得到了扩大。然而，阿里巴巴（www.1688.com）、慧聪网（www.hc360.com）、敦煌网（www.dhgate.com）、环球资源（www.globalsources.com）和中国制造网（cn.made-in-china.com），这五家巨头占据了B2B市场总量的80%以上，因此，新企业想要进入市场并占有一席之地并不容易。产品信息的不规范和交易价格的不透明正在成为B2B市场扩张的阻碍。

在B2G市场，采购流程、产品质量、服务水平和支付方式比单价更重要。招标与采购网（www.gc-zb.com）和百思通办公用品网（www.baisitong.marketpro.jinti.com）等B2G公司都与国家机构合作，如政府、医院和大学。虽然它被认为是一个稳定的市场，但贿赂、勾结等腐败现象时有发生，所以中国政府对其进行了严格管理。

C2C的代表性平台有淘宝网（www.taobao.com）和拍拍网（www.paipai.com）等，主要经营书籍、唱片、服装、化妆品、家用电器。虽然C2C可以通过个人之间的直接交易降低购买成本，但产品的质量、安全性和可靠性较低，因此，纠纷频发，导致C2C市场因打击非法交易而萎缩。而与之相反，B2C购物中心正在兴起，因为具有更高水平的公平贸易和道德意识的中国人正在寻找安全可靠的购物中心。

B2C商城一般经营家居用品、婴儿用品、农产品、进口商品，专业化、细分化、标准化发展，成为中国互联网市场的主流。代表性商城有京东（www.jd.com）、天猫商城（www.tmall.com）、苏宁易购（www.suning.com）等。B2C的优势在于可以基于公司的声誉和品牌认知度提供优质的产品，并且其服务优良。2015年中国网络购物市场交易规模为3.8万亿元，较去年同期增长36.2%；从网络购物市场结构来看，B2C占比达到51.9%，年度占比首次超过C2C；从网络购物市场份额来看，B2C市场中天猫商城继续领跑B2C市场，京东、苏宁易购、唯品会、国美在线增长迅速，几家企业的总规模超过三成，占据中国最大、最稳定的互联网市场的地位。

综合以上内容，中国互联网市场按类型划分的特点和主要项目如表2-1所示。

表2-1　中国互联网市场按类型划分的特点和主要项目

类型	特征	主要项目
B2B	●5大巨头占整个B2B市场份额的80%以上 ●阿里巴巴、慧聪网、敦煌网、环球资源、中国制造网	机械、零部件、工具设备、原材料等
B2G	●政府机构、医院、大学等国家机构的交易 ●招标与采购网，百思通办公网	机械、零部件、工具等设备的工业品、房地产等

类型	特征	主要项目
C2C	●个人之间通过直接交易降低购买成本 ●商品的质量和安全性较低，物流服务的低信赖度 ●非法交易风险高 ●淘宝、拍拍网等	图书、唱片、服装、化妆品、家用电器、农产品等
B2C	●依靠企业品牌知名度，提供优质的产品和服务 ●天猫、京东	图书、音像、服装、鞋帽及家用电器等

除了优质的产品和优质的服务外，中国B2C互联网商城的崛起也是消费者收入增加和消费能力增加，互联网普及率和移动互联网使用率提高的结果。总体而言，中国B2C互联网商城的发展得益于以下五个因素。

第一，人民收入和消费能力大大提高。中国经济发展迅猛，自2007年以来，地区之间的收入差距一直在缩小。而2016年中国国内生产总值（GDP）达74.4万亿元，居世界第二位，人均国民总收入（GNI）较上年增长6.9%，高于GDP 6.7%的增速。此外，2016年全国从业人员达到77630万人，比上年增加152万人。2020年，引领消费的中上阶层占城镇家庭总数的一半以上，随着经济活动人口和中产阶级的扩大，网络购物的潜在客户得到保障。

第二，国内互联网市场，尤其是B2C商城正在被激活。2011年，"十二五"规划出台，以国民财富为核心的经济增长为基础，确立了以私人财富为核心的经济质量发展规划，并制定了扩大国内市场的消费结构升级政策。2012年中国IT市场研究机构易观智库（Enfodesk）董事长于扬提出"互联网+"概念。2015年3月，李克强总理在政府工作报告中首次提出"互联网+"行动计划。"互联网+"是通过移动互联网、云计算、大数据、物联网等前沿数字信息通信技术与制造业等传统产业相结合，转变产业结构、促进产业升级的新增长引擎，主要体现在医疗、农业等行业。2016年，中国企业在线销售开展的比例为45.3%，较2015年"互联网+"行动计划确立时增长12.7个百分点。2016年中国全年网上零售额达到

51556亿元，同比增长26.2%，同时推动产品质量提高、服务水平提升、服务多元化发展。

第三，中国是世界上的互联网用户和移动互联网用户规模最大的国家。截至2017年底，中国互联网普及率为55.8%，互联网用户7.72亿，移动网络用户7.53亿。2016年，智能手机销量也比2015年增长了7.6%，达到4.67亿部。此外，在中国国家战略下，截至2016年11月末，中国固定宽带平均连接速率为48M，比2015年末快135%。此外，人均移动上网数据量也达到了9.75亿人次，比2015年11月翻了一番。2020年，5G商用后，B2C商城由于网速提高，有望实现快速增长。

第四，形成了先进的金融科技产业。尽管中国人传统上更偏爱现金支付，但与线下市场相比，线上交易由于客户和卖家之间的信任度较低以及互联网购物中心的信用卡渗透率较低，以技术为基础的金融服务科技行业发展迅速。截至2017年12月，中国使用网上支付的用户规模达到5.31亿人，较2016年底增加5661万人，年增长率为11.9%，使用率达68.8%。其中，手机支付用户规模增长迅速，达到5.27亿人，较2016年底增加5783万人，年增长率为12.3%，使用比例达70.0%。移动支付成为网络购物的主要支付方式。尤其是手机付费和一次性二维码支付，使用简单，互补性强。随着以移动支付为核心的金融科技产业的发展，B2C商城也在持续增长。

第五，线上线下一体化的分销渠道O2O（Online to Offline）正在兴起和扩张。根据《中国网络购物用户行为研究》，2016年中国消费者网络购物金额增长76.5%，线下消费金额下降45.8%。为解决互联网商城发展带来的线下市场萎缩问题，国务院办公厅于2015年发布《关于推进线上线下互动加快商贸流通创新发展转型升级的意见》，2016年，"互联网+"确立了互联网商城与线下市场共存的战略，如发布《关于深入实施"互联网+流通"行动计划的意见》。在这些政府政策的影响下，B2C商城也在通过建立O2O渠道和线下市场来促进共赢增长。

归根结底，B2C互联网商城的发展是人们收入和消费能力提高的结果。"互联网+"和移动环境营造、金融科技产业、O2O渠道等都是按照"互联网+"政策和宽带中国政策来做的，可以说是政府积极支持和发展的结果。

第二节　中国B2C网络购物客户特征

B2C互联网商城客户的特点如下。

第一，更喜欢奢侈品牌和健康产品。2020年中国全面建成小康社会取得伟大历史性成就，决战脱贫攻坚取得决定性胜利。中国由温饱时代逐渐转变为消费时代，同时，随着继承父母财富的"富二代"、追求零污染和提倡环保等不同品位的顾客越来越多，他们对物质高品质的兴趣也在增加。因此，B2C互联网商城上健康产品、进口奢侈品、环保有机产品和服务的消费需求旺盛。

第二，冲动购买率高。"剁手族"一词的产生在某种程度上说明冲动购买者越来越多。据国家统计局统计，2015年在网络搜索过程中由于即兴和冲动而在网店购买商品的人数占网民的30.4%，冲动购买者的48.1%在使用智能手机期间进行过冲动购买。同年，中国绿色和平组织发表声明称，在中国大陆、中国香港、中国台湾、德国和意大利的20～45岁消费者中，中国人的冲动购买率最高，超过50%的中国人会过度消费，其中40%的消费者每周的冲动购买次数超过一次。

第三，接触社交媒体广告时间长。麦肯锡公司（McKinsey&Company）调查了2015年美国人和中国人在社交媒体上平均每天花费的时间。结果，中国人花在社交媒体上的时间更多，为78min，而美国人为67min。因此，中国人在微信、微博等社交媒体上进行社区活动时，很容易接触到各种诱导网购的促销和广告。有研究表明，当一家公司在社交媒体上以高折扣率推广产品时，13.2%的用户会进行冲动购买。因此，社交媒体影响冲动购买，并正在成为重要的消费渠道。

第四，更喜欢看评论或购买专家或名人推荐的产品。在有多种选择时，遵循多数人和可信赖的人的决定，这也适用于中国客户。他们积极购买社交媒体上朋友推荐的产品，网上商城中好评率高的产品，或喜爱的明星推荐的产品。根据KPMG（毕马威中国）的一项调查，中国互联网商城的客户有39%依赖社交媒体用户评论，38%依赖朋友和熟人的推荐。此外，出生于2000年后的顾客对名人的忠诚度很高，其中29.5%的人会在网上购物时购买名人推荐的产品。

第五，更追求方便而不是价格。虽然价格是一个不容忽视的方面，但中国消费者相比低价更追求便利，因此对套装产品和推荐产品的需求很高。随着购物方式的多样化和分销网络的透明化，产品之间的价差逐渐缩小，顾客开始在消费过程中享受服务。2015年度网络购物者趋势研究报告显示，只有19%的客户在购买产品时将价格视为首要考虑因素，而大多数客户更追求产品质量和购买方式等服务。

第六，优先使用延期支付系统。虽然借记卡、信用卡、二维码等信用交易方式显著改善，移动支付的偏好度和可靠性有所提高，但中国人更喜欢使用延期支付系统。中国人特有的一种叫"一手交钱一手交货"的交易方式，即收到货后付款，追求安全可靠的交易，同样适用于网络购物。

第三节 中国B2C网络购物运营体系(以农产品为例)

一、概述

在传统市场或集市购买农产品的方式具有能够让消费者直接检验产品的优势，但农产品通过3~5个步骤的分销过程，销售价格会上涨。此外，还出现了质量控制问题，例如有的商户会使用化学品对新鲜农产品进行处理后出售以保持新鲜。因此，农场、农村合作社和农民等生产者正在扩大或转变为通过互联网接受订单并立即销售的方式。这种方式缩短了从生产、储存、运输到销售、消费的过程，使新鲜农产品以合理的价格提供给客户。

根据中国互联网络信息中心对中国互联网商城市场的研究，生活用品、农产品和加工食品、计算机和数字通信设备、家电用品四类产品的消费比例，2015年与2013年相比均有所增加。尤其是农产品和加工食品占比从3.3%飙升至23.7%，可以说是建立了从网上商城购买农产品和加工食品安全可靠的信任的结果。中国互联网商城产品组别及消费比例如表2-2所示。

表2-2 中国互联网商城产品组别及消费比例

产品组别	2013年消费比例/%	2015年消费比例/%
生活用品	14.3	24.6
农产品和加工食品	3.3	23.7
计算机和数字通信设备	9.5	15.7
家电用品	4.6	6.9

二、中国B2C农产品互联网商城运营体系

1. 发展历程

总结起来，中国B2C农产品互联网商城的发展经历了三个阶段。

第一阶段（图2-1），从2005年开始，到2012年年初，中国已形成大大小小的农产品互联网商城。2005年，中国第一家农产品网上商城易果网开始向富裕人群销售优质进口水果。2008年，中粮我买网（www.womai.com）、村村通商城（www.gdcct.com）、新蛋（newegg.com）等综合性商城上线；和乐康（www.helekan.com）等食品专卖商城，给惠网（www.geihui.com）、天猫商城（www.tmall.com）等农产品专卖商城，菜到家等有机农产品专卖商城，形成了各类农产品互联网商城。其中，以农产品板块的综合商城为主，但由于销售范围仅限于北京、上海等一线城市，只有居住在大城市的客户才能够在网上商城购买农产品。

这一阶段，除了沱沱工社公司以外，所有的商城都没有标注商品的生产日期、是否使用添加剂、营养成分等信息，而只是标注了商品的图片和价格。因此，对商品的信息和设计不足，使用没有反映农产品特征的红色、橙色系色彩的购物中心较多。卖

家只关注利润，而顾客只关注品牌。可以看出这一阶段的各类互联网商城并没有重视购物中心的设计。而且虽然它们有自己的支付系统，但由于支付方式复杂、不安全，所以消费者主要还是通过QQ或电话进行订购。

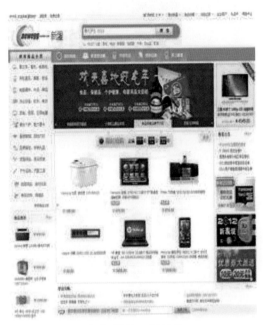

（a）新蛋，2010年　　　　　　　　　（b）给惠网，2005年

图2-1　中国B2C农产品网上商城第一阶段设计

第二阶段，2012～2015年，是物联网和云计算等先进的IT技术开始应用于中国B2C农产品互联网商城的时期（图2-2）。2012年年中到2014年，农贸网商城火爆，手机购物正式开始。随着大型资本投入网上购物中心，行业竞争加剧，在产品质量、配送、支付方式等方面提供以客户为中心的服务的购物中心迅速增长，而一些网上购物中心刚开就关门大吉。例如本来生活（www.benlai.com）是一家以销售进口农产品为主的食品商城，通过严格的管理制度，以低价销售优质产品，在开业一年内迅速发展。而优菜网由于经营不善和农产品质量问题，开张不久就从市场上销声匿迹。

在此期间，晟兴现代农业、广西点赞农业等有机农产品企业专门开设商城鼓励农业耕作，增加有机农产品专卖商城，从此O2O模式商业整合拉开了序幕。此外，以大型互联网公司为中心开展特许经营，随着冷链系统、物流等相关产业的发展，销售范围逐渐扩大到天津、南京、杭州等部分二线城市。一线城市可在2～3天内送达，东部沿海地区的二线城市可在3.5天内送达。

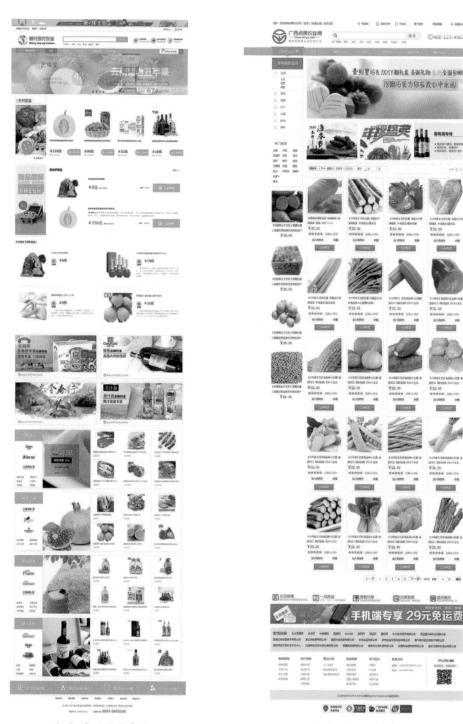

（a）晟兴现代农业　　　　　　　　　　　（b）广西点赞农业网

图2-2　中国B2C农产品互联网商城第二阶段设计

随着对网上购物商城的大量投资和行业竞争的加剧，网上购物商城的页面设计得到了加强，页面内容方面提供了很多与产品相关的文字和照片，因此商城界面主要设计为长页面滚动到底部的形式，并应用了绿色。并且随着移动网络环境下支付系统的简化和安全性的加强，移动支付成为主流，QQ或电话已转变为查询等服务媒介。

第三阶段（图2-3），从2015年至今，凭借尖端的数字技术、互联网商城进入专业化管理的成熟期。中国政府通过制定金融科技产业和区域平衡发展政策，制定《网络购物顾客保护法》等，积极培育互联网商城产业。此外，让三四线城市的配送成为可能，并出现了专门的购物商城，例如水果类、农产品类、生活用品类购物商城等。包括惠农网（www.cnhnb.com）在内的大部分农贸商城，通过网络、移动网络、移动应用、O2O综合系统等多渠道提供多角度的服务。例如：好色派沙拉是一家成立于2015年的沙拉外卖公司，好色派沙拉的官方网站（www.hoosealad.com）区别于其他企业的购物网站。网站上只提供公司的介绍和外卖手机应用程序下载二维码。此外，它还配备了O2O集成系统，每天积极提供免费或付费的线下体验营销。

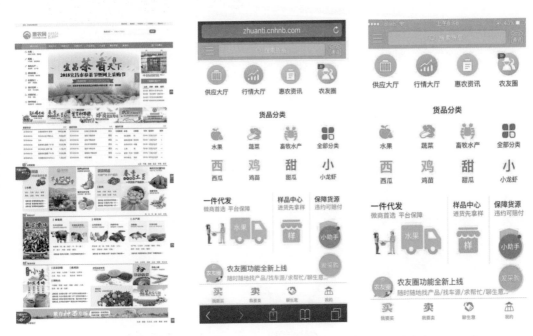

（a）惠农网电脑端网页（左），手机端网页（中），手机APP（右），2015年

图2-3

（b）好色派沙拉 手机APP（左），电脑端网页(右)，2018年

图2-3　中国B2C农产品互联网商城第三阶段设计

这一时期的另一个主要特点是移动网络和移动应用程序的设计和服务是相同的，社交媒体的广告成为主要的营销媒介。而随着只能在手机上使用的二维码简易支付的激活，网上商城正逐渐向手机网上商城转移，手机端的设计被认为尤为重要。

根据阿里巴巴集团2012年发布的农产品电子商务白皮书，网上商城农产品销售额每增加1%，将增加140亿元，预测2016年中国网上商城农产品销售额达到400亿元，2017年达到600亿元。但是，事实上2016年中国B2C和C2C互联网商城农产品销售额达2200亿元，是预期销售额400亿元的5倍多。这可以说是加强农产品互联网商城的运营方式、服务、设计的结果。

2. 运营结构

中国农产品互联网商城由主体、客体、对象和网络服务组成（图2-4）。主要参与者是农产品供应

图2-4　中国农产品互联网商城运营配置

商和平台，农产品供应商是农场、合作社、农业企业等农产品的生产者或提供者。平台是一个可以交易商品的基于互联网的技术环境。此外，作为连接农产品生产者和消费者的中介和市场，第三方交易平台由生产者、销售者或物流公司直接运营或由平台委托专业人员运营。商城销售对象为农产品，客户根据商城提供的农产品种植面积、种植环境、认证状态、有效期等信息做出是否购买的决定。因此，只有在有机农产品的质量控制比一般农产品的质量控制更严格的情况下，购物商城才能生存和发展。

网上商城的服务客体是顾客，他们的购买是网络购物的主要收入来源，大致可以分为基于理性和基于感性判断做出购买决策的客户群。理性的顾客在购买过程中重视客观信息，例如价格/质量比和营养价值。而感性的顾客往往更看重满足其主观品位的因素，例如产品、商城品牌和设计。然而，除了对产品和商城的客观信息和主观品位之外，这两个客户群体都通过在购买前、购买中和购买后提供的服务来寻求心理满足。因此，商城应识别不同客户群体的需求并提供服务，使他们在整个购物过程中都能获得积极的体验。

网络服务包括互联网交易、支付和物流系统。在互联网交易中，客户通过互联网或手机等数字技术在平台上选择农产品并付款。这是通过支付系统完成的，并且正在积极运营支付宝等第三方支付方式，以建立安全的支付环境。物流系统不仅提供低温仓储，还提供派送、延期付款、短信确认等多种服务。此外，它分为自有物流系统和由专业物流公司运营的第三方物流系统。

3. 流通网络

B2C农产品互联网商城，与零售市场一样，正在形成一个位于远程位置的远程分发网络。每个实体确保所有企业的商誉，运营附属公司或几个单独的公司形成网络并负责生产、供应、销售和交付。B2C农产品互联网商城主要有七类分销网络。

第一类是一种生产者—销售者—物流公司合作的方法（图2-5）。卖家处理订单和销售，生产者通过委托快递公司发货。卖家主要由大型平台公司牵头，通过选择一、二、三线城市附近的中小生产商或海外生产商来管理从农产品质量到交货的全过程。偶

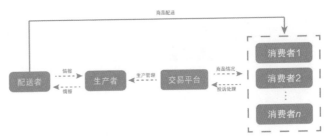

图2-5　生产者—销售者—物流公司合作网络

尔也有几个一线城市附近的生产商与大城市相连，以特许经营方式经营。作为卖家的平台公司要处理客户投诉，但维护成本低，因为不需要经营种植园、仓库和送货车辆。综合商城如京东、天猫商城以及专营商城本来生活和依谷网（www.egu365.com）就形成了这样的分销网络。

第二类是大型生产商的一站式分销网络。它允许生产者经营网上商城和包裹递送服务，进行产品的生产、收集、储存、商品化、销售和交付的一站式配送网络（图2-6）。生产商可以创建自己的平台，为客户提供一致和结构化的服务。大型农场等资产较大的生产商更青睐这种模式，因为必须同时运营互联网商城和送货公司。该生产商为一二线城市的客户经营互联网购物商城，在一二线城市附近设有种植园。以多利农庄为代表的生产者建立了一站式分销网络，其在北京、上海和成都三个城市的郊区经营有机农场。收到会员制多利农庄微信公众号订单后，通过与进入中国的日本物流公司签订协议的多利快递公司进行配送。

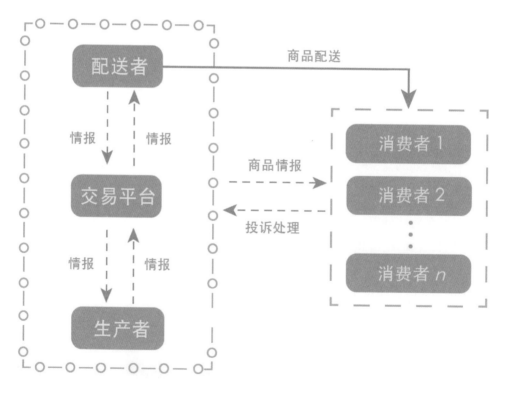

图2-6　大型生产商的一站式分销网络

　　第三类是大型快递公司主导的流通网络。大型快递公司直接经营快递业和平台，主导销售和配送，直接经营种植园（图2-7），而不拥有栽培地的快递公司将通过管理系统指定其他生产者或海外生产者。这种方式可充分利用快递的优势，将普通农产品、有机农产品、新鲜进口农产品等快速配送到一线、二线以及部分三线城市的顾客手中，并且易于跟踪、可靠性高。如顺丰集团投资的顺丰优选没有经营农产品种植地，而是通过与农业投资公司的合作直销种植地。进口农产品可通过多个海外合作厂商确保商品质量，通过专用货机或货轮运至国内，在一、二、三线城市近郊的低温仓库储存并配送。

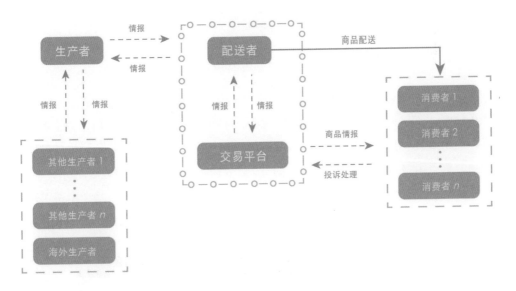

图2-7　大型快递公司主导的流通网络

　　第四类是中型以上规模企业的销售者直接经营的种植地生产的农产品，其他生产者的农产品和进口农产品都要通过连锁配送公司配送（图2-8）。作为卖家的平台公司可以通过直接运营互联网商城，提供丰富的产品信息。在一二线城市附近经营种植园，与国内外其他生产商合作，可以防止缺货和销售各种产品。例如菜管家从北京和上海附近的自有农场以及其他生产商和海外生产商那里接收农产品，由持有菜管家51%股权的海博股份（600708.SH）形成配送网络，负责配送。

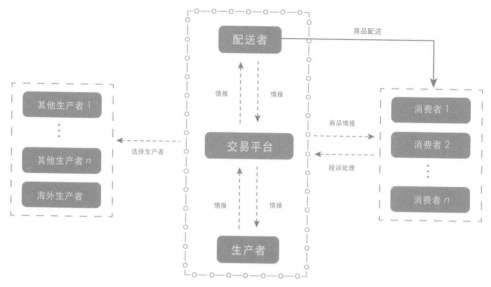

图2-8 中等规模销售者主导的流通网络

第五类是小规模卖方主导的流通网络。这种方式是由小规模平台企业——销售者经营小种植园，与新生生产者建立共同品牌进行销售（图2-9）。而且，各生产者利用签订合约的委托快递公司进行配送，形成流通网络。因为可以生产和销售多种多样的农产品，对于销售者来说也有好处，生产者只要向销售者缴纳销售收益的5%～12%就可以用较少的费用强化竞争力。例如农高网（www.nonggaowang.com）是一个蔬菜联合品牌专营店，自2014年开业以来，仅15天就有542家企业入驻，销售蔬菜3573种。

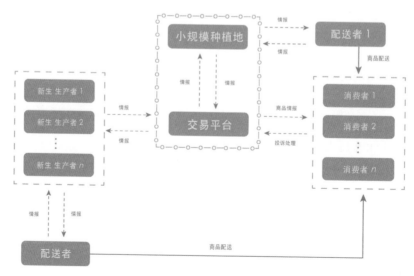

图2-9 小规模卖方主导的流通网络

第六类是中小厂商、社交媒体社区和递送商联合流通网络。这是由中小规模的生产者、社交媒体社区、快递公司联合而成的流通网络（图2-10）。社交媒体社区作为平台，为会员提供广告、活动、优惠券等，以会员间深厚的信赖为基础，活用回帖和购买后记的传播力。目前B2C市

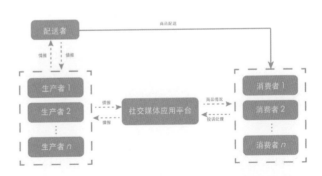

图2-10　中小厂商、社交媒体社区和递送商联合流通网络

场上领先的社交媒体平台上出现了微商，微商通过微信、微博等社交媒体来宣传和销售自己的产品，初步形成了C2C模式。微商在各种社交媒体上开设了官方账号，可以同时进行多种宣传和销售。没有进入网上购物商城的中小生产者在社交媒体上运营微商，通过委托快递公司进行销售。例如鲜丰水果（www.xianfengsg.com）在网上购物商城、线下连锁小型超市和微信上同时在运作。

第七类是线下零售商主导流通网络。这种方式是超市、小型超市等实体流通企业建立网上购物商城，并以类似实体操作系统的方式与生产者、快递公司合作建立流通网络（图2-11）。例如位于一线和二线城市的沃尔玛超市和山姆会员商店等海外流通企业主导销售，提供到配送地送货或顾客直接到实体市场提取商品的O2O服务。

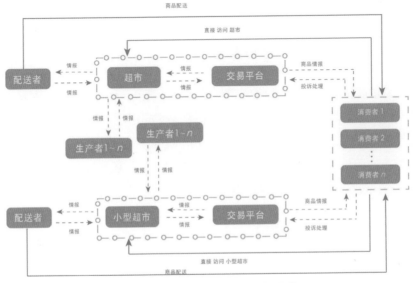

图2-11　线下零售商主导流通网络

4. 服务方式

顾客在网上购物商城体验购买前、购买中、购买后三个阶段的服务。由于顾客几乎没有面对面接触网上购物商城，顾客自己比较商品和服务，如果需求得不到满足，就很容易转到其他的购物商城，因此商品和服务的质量非常重要。

（1）在购买前阶段

这一阶段客户可以体验社交媒体、网页、移动网页、移动应用程序中的服务。客户在微信、微博等社交媒体上获得广告、活动、优惠券等直接服务。此外，还能与企业相关人士形成社交媒体社区，体验间接服务。2014年建立初步电子商务时某集团首席执行官在微博上与37万名潜在客户沟通。这是不经过会员注册或登录，在网上购物商城确认商品信息的过程中体验到的服务。通过农产品的安全性、生产者、栽培方式、商品价格、商品的量和质等信息及购买后记，可以体验、比较和判断商品价值的服务。除此之外，还提供使用尖端技术的服务。该移动应用程序提供了一项服务，可以让顾客实时查看农产品的种植和生产过程。

（2）购买中阶段

这个阶段的服务在会员加入、登录后启动，特别是涉及菜篮子、支付和O2O服务等。在购买过程中，快速稳定的功能运作和确保安全性的结算系统提高了顾客的满意度。另外，农场体验、试吃会、线下接送中心等O2O服务虽然是购买前后体验的服务，但也是影响购买过程的因素。

（3）购买后阶段

这个阶段的服务是从顾客完成结算的那一刻开始到最后接收商品为止，包括配送跟踪、农产品的包装状态、商谈、退货程序、购买后评价等。因为新鲜农产品的保质期短、容易损坏，所以不仅要低温冷藏储存、快速配送，还要使用缓冲包装材料。有的购物商城对顾客有偿购买的包装材料进行有偿回收，如果顾客返还包装材料，下次购物时不收取包装费。大城市的职员可以在工作地点领取订购的农产品，还可以利用预约配送服务。而且，购买后的评价虽然是提供给顾客的服务，但是也是企业改善服务的必要因素。

顾客从在网上购物商城上网开始，购买商品到打开包装，确认商品的状态，最终决定收货为止的每一个环节的体验，对于顾客对购物商城的满意度和忠诚度都会产生影响。由于这样的一系列服务都是通过购物商城这一物理环境进行的，因此，购物商城的设计和系统需要有周密的计划。

第三章

网购类手机应用程序设计
和案例分析

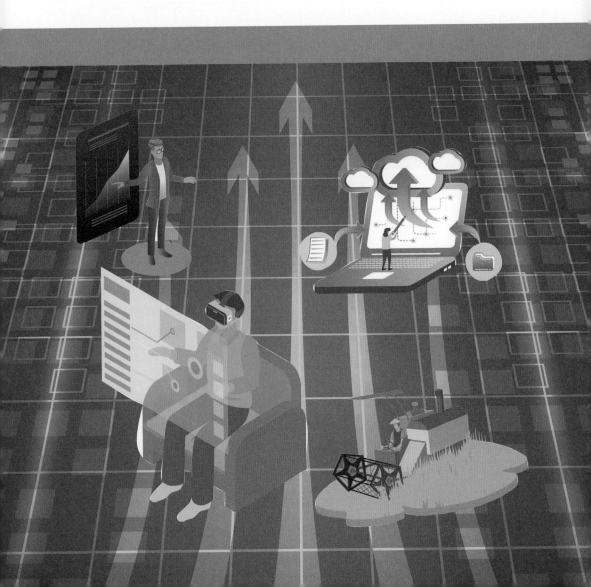

在中国网上购物是由网络、移动网络、移动应用、社交媒体四大媒介相辅相成或单独提供的。其中由于手机应用程序（APP）具有良好的移动性和安全性，截至2017年12月，中国5.33亿的网购用户中的95%，即5.06亿人在使用手机应用程序购物。本章将介绍所有中国互联网用户都可能使用的农产品手机应用程序的设计的特点。

第一节　手机购物应用程序设计

顾客访问网上购物商城的基本目的之一是商品检索，所以为了能让顾客方便地找到所喜欢的商品，需要进行画面设计。此外，若与手机应用程序一同构建网页端站，则需要维持一贯的视觉识别功能，并应用能提高商品检索速度和理解度的设计和用户界面（User Interface）。

一、首页

农产品手机应用程序主页由导航、搜索栏、购物车、分类、横幅广告等组成。它也提供了即时感知的图标界面。导航系统主要在底部设计为工具栏，以图标的形式展示主页、分类、购物车、个人信息四个主要项目，让用户可以轻松快捷地使用。除此之外，第五项就是发布主要信息或者做广告的网店。例如顺丰优选提供营养师专栏、优选厨房、饮食文化等相关信息，并允许在社交媒体上分享。又如本来生活是一款以Banner（横幅）广告为导向的购物应用程序，首页贴了很多Banner广告，通过Banner广告来吸引消费者前来购物。

中国代表性农产品手机应用程序工具栏如图3-1所示。

（a）沱沱工社　　　　　　　（b）顺丰优选　　　　　　（c）本来生活

（首页、分类、购物车、个人信息）　（首页、分类、阅读、购物车、个人信息）　（首页、分类、广告、购物车、个人信息）

图3-1　中国代表性农产品手机应用程序工具栏

在首页面上，搜索栏位于手机应用程序的顶部，搜索栏左侧有一个选择区域的选项。由于地域辽阔，大多数以特许经营方式经营的网上商城都是按照可送货的地区进行分类的。此外，由于不同地区销售的产品可能有所不同，因此顾客需要在搜索产品之前选择一个地区，以便顾客可以有效地购物。在右侧，有一个二维码搜索、广告或与产品相关的新闻图标（图3-2）。

（a）本来生活　　　　　（b）易果网

图3-2　中国农产品手机应用程序搜索栏

二维码是手机购物应用独有的功能。用户可以通过扫描印在产品包装上的二维码来搜索同款产品。

将光标悬停在搜索栏上可切换屏幕，然后点击热门搜索和最近搜索，使搜索更加方便。顺丰优选热门搜索词根据实时搜索词进行排名，如图3-3所示。

Banner广告是手机应用程序中，首页面上最重要的版块之一。Banner广告以照片、插图、排版等图形元素制作，特别是使用高饱和度、高对比度的农产品照片来激发用户的购买欲望。由于许多互联网购物中心使用这种照片技术竞相制作横幅广告，因此主页的设计既迷人又复杂。例如在本来生活手机应用程序中，主页面以Banner广告为主，因此难以识别与互联网商城原有功能相关的界面，如图3-4所示。

在手机应用程序设计中，颜色是最直观的视觉元素，大多数农产品手机

（a）顺丰优选　　　　　　（b）本来生活

图3-3　中国农产品手机应用程序搜索框

图3-4　本来生活手机应用程序首页横幅广告

应用购物商城使用绿色如图3-5所示。

二、商品详情页面

由于大多数顾客的购买行为是在产品详情页面上确定的，因此需要一个突出产品特性并能建立顾客与商家之间信任的设计。在农产品商城发展第二阶段出现的初始移动网上商城详情页上发布的产品图片或文字，其分辨率比网页低。因此，移动应用提供了一种不方便的服务，即让顾客通过浏览手机应用程序，将其放入购物车，然后还要在网络上重新检查和购买。然而，由于数字技术和互联网技术的发展，手机应用程序的视觉组件可以保持高质量。在详情页的顶部，有与产品（商品）、详细说明（详情）和评价相关的项目（图3-6）。顾客点击一个产品项目，就可以查看该产品的图片、价格、重量等信息。如果能提供3~8张照片作为视觉呈现，对顾客的购买有直接影响。

（a）

（b）

图3-5 易果网手机购物商城颜色

（a）顺丰优选

（b）本来生活

图 3-6 中国农产品手机应用程序中产品详情页

详细说明项目提供了原产地、价格、重量、保管方法、栽培地或烹饪方法，以及配送方法和配送范围等具体而详细的信息（图3-7）。因为这部分内容会有很多照片和文字出现，所以要考虑页面的可视性和可读性，设计要让顾客直观理解。

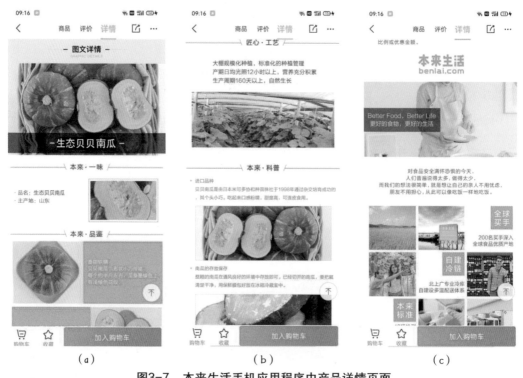

图3-7　本来生活手机应用程序中产品详情页面

（a）本来生活　　　　（b）顺丰优选　　　　（c）易果网

图3-8　中国农产品手机应用程序中商品评价页面

评价项目是影响用户购买行为的服务要素。大多数农产品手机应用程序都为顾客提供了自由描述和五星级评价的功能（图3-8）。根据已有顾客的评价和购买评论，潜在顾客决定是否购买或在购买产品后参与评价。

三、会员注册与登录

由于非会员无法在中国互联网商城购买产品，因此会员注册和登录系统是必不可少的，这也是顾客购买过程的第一步。由于商城的服务形象是通过会员注册和登录页面确定的，因此设计时应强调功能性和简单性。注册会员有三种方式。一是输入手机号作为通用账号（ID），通过手机接收认证，设置密码完成会员注册。二是输入邮箱地址作为ID并通过邮件接收认证后，设置密码并再次通过手机接收认证后，完成会员注册。三是创建ID，输入密码，输入姓名、手机号、邮箱等个人信息，通过手机或邮箱完成认证。中国农产品手机应用程序会员注册类型如图3-9所示。

（a）手机号码 （b）邮箱地址 （c）账号/ID

图3-9 中国农产品手机应用程序会员注册类型

根据商城不同，有的商城三种会员注册方式都提供，有的商城只提供两种方法。与其他两种方式相比，通过输入手机号注册需要填写的个人信息更少，因此可以保护顾客的个人信息，注册过程也更简单。目前在中国，绑定手机号和身份证号是最常见的会员注册方式。注册成为会员后，顾客必须输入自己的手机号、身份证号或电子邮件地址才能登录。顾客可以使用自己的社交媒体账号或使用自己的社交媒体账号执行此操作，也可以使用二维码或指纹识别登录（图3-10）。二维码登录是商城网页上提供登录服务的二维码，通过扫描激活手机应用程序的功能登录。指纹登录只能在手机应用程序中使用，因为需要支持指纹识别的设备。

（a）手机号码，账号/ID，邮箱地址登录　　（b）社交媒体联动登录　　（c）指纹登录

图3-10　本来生活手机应用程序的登录界面

会员注册和登录系统，设置简单便捷，个人信息较少，但由于会员数量是吸引投资的重要指标，所以一般商城没有会员注销的功能。

四、购物车

购物车是一系列系统，连接从选定产品的临时存储到付款和交付。顾客查看购物车中商品的价格、数量、库存状态，决定购买后，输入收货地址信息。由于顾客在注册会员时没有输入详细的个人信息，因此顾客必须输入收货地址，还要选择优惠券或确定

所需的送货时间才能完成下单。一些手机应用程序还可以在购物车中提供相应的服务显

示。当顾客购物车中的商品缺货且新商品能够得到保障时，公司会通知顾客相关信息。还有录入提前团购，在购物车商品旁边也会出现相关的文字，提醒消费者这些商品团购价格更为便宜。此外，大多数手机应用程序在订单页面上提供了运费信息，但也有商城购物车中的所有产品均免运费，如本来生

 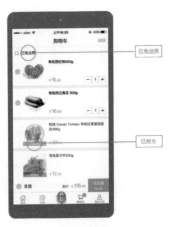

（a）沱沱工社　　　　　　（b）本来生活

图3-11　中国农产品手机应用程序购物车

活。中国农产品手机应用程序购物车如图3-11所示。

中国互联网商城系统的一个独特功能是位于详情页面右下方的"加入购物车"项目（图3-12）。非会员也可以将商品加入购物车，但只有会员才能在购物车中购买。

（a）本来生活　　　　　（b）顺丰优选　　　　　（c）易果网

图3-12　中国农产品手机应用程序中的"加入购物车"项目

工具栏使用颜色等设计元素来强调它，而不是使用购物车来诱导会员。

五、结算方式

支付系统是决定购物商城兴衰的重要功能。为了获得用户的信任，商城提供多种安全的支付方式，并不断升级支付系统。中国互联网络信息中心的一项调查显示，超过40%的受访者表示，支付方式提供的种类越多，他们就越有安全感，59%的人表示，如果没有提供他们喜欢的支付方式，他们不会购买该商城的产品。支付系统的多样化反映了用户对安全性和便捷性的需求。目前商城最流行的支付方式是汇款、第三方支付、网上银行和货到付款，每种支付方式的特点如下。

第一，客户账户中的存储金额支付是早期频繁使用的一种支付方式，会员可以查看个人信息中的钱包余额。对一些热门、新增的商品可采用定金支付，即顾客先支付一定的金额来占据商品的购买权。

第二，第三方支付由支付服务专业商运营，安全性高（图3-13）。其中，目前支付宝和微信支付非常流行，可以说是大多数中国年轻人最常用的支付方式。第三方支付方式对于手机应用用户来说很方便，因为即使产品是在网络上购买的，也需要通过运行手机应用来扫描二维码。

UnionPay 在线支付 Online Payment	银联在线支付 7×24小时客户服务热线：95516	支持银行及限额
支付宝	支付宝支付 24小时客户服务热线：0571-88158090	支持银行及限额
微信支付	财付通支付 7×24小时客户服务热线：0755-86013860	支持银行及限额

图3-13　中国农产品手机应用程序的主要第三方支付系统

第三，网上银行支付是最早出现的支付方式，所有网上商城都提供网上银行支付（图3-14）。顾客输入卡号、验证码和支付密码，点击确认按钮即可完成支付。但是，即使提供了网上银行支付方式，如果不出示顾客的银行信息，使用也是有限制的，因为购物平台属于第三方，没有权利直接从银行取得消费者消费金钱的使用权。

图3-14　中国农产品手机应用程序中主要支持的网上银行

　　第四，一、二、三线城市大部分都有延期支付系统，即快递员把产品送到顾客手中，顾客检查产品状况，决定接收后再支付货款。顾客将货款直接交给送货人。随着金融科技的发展，支付方式从以现金支付为主逐渐转变为以使用微信、支付宝等第三方支付为主，进一步提升了支付方式的便捷化、高效化。

第二节　影响用户网购产品的因素（以农产品为例）

一、中国有机农产品市场的规模

　　1999年以前，中国生产的有机农产品中95%以上用于出口，导致国内几乎没有形成有机农产品市场。但随着中国经济的发展和人民生活水平的不断提高，以新鲜蔬菜、茶叶、大米、水果、蜂蜜为核心的国内有机农产品市场开始形成。2000～2013年，中国有机农产品总销售额达到151.85亿元，其中国内市场销售额为145.39亿元。国内市场销售额占市场总销售额的95.75%，说明有机农产品的国内市场已逐步形成。

　　自2014年起，中国农产品按照食品安全分为一般农产品、无公害农产品、绿色食品和有机产品。绿色食品进一步细分为A级绿色食品和AA级绿色食品，认证体系以无公害农产品、A级绿色食品、AA级绿色食品、有机农产品运行（图3-15、图3-16）。认证由中国质量认证中心（China Quality Certification Centre）、上海质量体系审核中心（Shanghai Audit Center of Quality System）、中绿华夏有机食品认证中心（China Organic Food Certification Center）、中国有机食品认证中心等中央和地方政府及民间组织提供认证。这些认证机构由中华人民共和国国家认证认可监督管理委员会管理和监督。

图3-15　中国农产品质量等级认证分类

（a）无公害农产品　　（b）A级绿色食品　　（c）AA级绿色食品　　（d）有机产品

图3-16　中国农产品质量等级认证标志

　　无公害农产品是农药、重金属、有害微生物等有害物质的残留量在质量安全允许范围以下的加工农产品和食品，但是不包括新鲜农产品或精密加工食品。A级绿色食品在生产过程中允许使用合成化学物质，AA级绿色食品在生产过程中不使用任何有害合成化学物质，是符合生态环境质量标准的农畜产新鲜及加工食品。有机产品是根据生产、收集、加工、包装、储存、配送相关认证机构的标准，经过质量管理和追踪系统的农水产新鲜及加工食品。

　　2011～2014年，中国有机农产品的消费量以每年30%～50%的速度增长。虽然每年的供应量都在增加，但供应短缺仍达到需求的30%左右。2013年，国际有机农业运动联合会中国主席预测，到2015年，中国有机农产品的营业额将达到248亿元。据统计，截止到2018年中国有机产品产值总计为1666亿元，比2015年有机农产品总产值高出7倍多。其次，2015年，中国获得有机产品认证的有机农产品有3258个，有机农产品标准化种植面积达410.8万公顷。其中，世界上最大的有机农业生产基地已经在东部沿海地区、东北各省建立，江苏、浙江、黑龙江、山东等收入相对较高的阶层正在逐步扩大。除了因经济增长和国民收入增长而扩大了对生活品质要求和食品安全要求的中产阶级的消费群外，中国有机农产品零售市场也正在逐渐扩大，因为人们越来越关注食品安全。此外，基于政府振兴有机农产品市场的政策，有机农产品认证体系可靠性加强以及通过B2C网上商城购买成本降低等优势，有机农产品作为未来食品行业的潜力股正在显现其强大的市场生命力。

■ 二、影响用户网购农产品的4个因素

根据原农业部2014年发布的《中国农产品品牌发展研究报告》，消费者对农产品的购买行为与生产者和销售者的品牌认知度和信任度、整个购物过程中的积极顾客体验以及产品的品种和新鲜度等关系密切。因此，有机生鲜网上商城必须保证产品的口感和安全，还必须保证生产者和网上商城的品牌认知度、产品的可靠性、商城的优秀设计和便利性以及支付的简单性和安全性。

1. 可靠性

消费者在购买有机生鲜产品时，更看重与产品直接相关的因素，如有机产品认证和保质期，以及网上商城的可信度。与可靠性相关的因素特征如下。

首先，由于有机农产品基本被认定为优质产品，因此有机农产品的认证能够证明产品的安全、质量等内在特性。在中国，政府和私人认证机构都可以对有机产品进行认证，但随着食品安全事故的增多，顾客更加信任政府认证机构而不是私人认证机构。因此，所有认证机构必须公平、严格地评估产品并授予认证标志，以维护客户的信任。此外，生产者必须在产品的包装上明确标注认证标志，销售者必须严格选择和管理有机农产品生产者和产品，并在商城张贴认证产品的信息。

其次，在网络购物中，顾客在收到产品之前无法检查产品的状况，因此只能根据卖家提供的产品图片或描述、认证标志和购买评论来判断产品的质量和做出

购买决定。但是，即使是获得有机产品认证、购买评价优秀的新鲜农产品在运送过程中或储存的过程中也可能会失去新鲜度，因此需要保证质量，直到顾客签收的那一刻。保持产品质量是获得顾客信任的重要因素，例如配备低温存储系统的送货车辆、公寓楼内的共享送货箱，或开设顾客可以直接访问的线下取货点等。

最后，对网上商城的信任度在顾客的购买决策过程中也起着重要作用，对商城信任度的增加可导致产品购买意愿的增加。换句话说，对商城的信任是通过有机农产品的质量控制过程以及商城提供的配送、退换货、咨询等购买前、购买中和购买后的服务形成的，可靠性导致企业竞争力增强。

2. 便利性

根据对有机农产品网购动机的研究，顾客倾向于选择便利性好的网上商城，可以方便快捷地处理产品的搜索、下订单、取消订单、换货和退货等。与便利相关的因素如下。

首先，网上购物没有营业时间限制，一天24h都可以使用，保证了顾客随时随地购买新鲜有机农产品的便利性。特别是手机应用程序使虚拟空间购物的便利性加倍。

其次，由于互联网商城是互联网上的虚拟空间和数字平台，与线下门店不同，营业面积没有限制。即使是大型线下门店，店内能够展示的产品数量也不可避免地受到限制。而与线下商店相比，网上商城可以销售更多的有机农产品，为客户提供更广泛的选择。

最后，O2O服务保证网购产品的新鲜度。O2O服务为担心产品质量的买家提供了便利，例如不愿意通过网络购物购买农产品的买家。O2O服务允许顾客在他们方便的时间和地点接收产品，或者从线下商店检查和提取产品，是可以提高顾客满意度的一个因素。

3. 安全性

自从互联网购物商城诞生之初，安全就成为最重要的问题。只有在个人信息安全、支付安全和产品质量安全的网络商城中顾客才会发生购买活动。互联网购物商城的安全特征如下。

第一，顾客对网购的安全感，从加入商城会员开始。风险发生的概率以及问题在未来可能造成的危害以及程度都会影响顾客网络的安全感，因此，个人信息、账户等信息数据的安全性和可靠性必须很高。

第二，虽然网络购物的支付方式多种多样，但安全性和可靠性必须保持在最高水平，因为它们关系到顾客的个人财产。随着金融科技的发展，专业公司开始提供第三方支付服务，特别是二维码不需要输入个人信息，使用一次后自动丢弃，是现有简单支付服务中最安全的。

第三，为保证生鲜有机农产品的可靠性，生产者通过严格的认证程序获得有机产品认证，卖家通过文字和图片向互联网购物商城的顾客提供产品详细信息。此外，还有一些商城利用实时视频技术提供服务，让顾客实时查看有机农产品的生长、收获、物流、配送等一系列过程，从而证明产品的安全性。

4. 简便性

如果网上购物的过程复杂或不方便，顾客就会转移到其他购物商城。因此，从顾客的角度来看，会员注册、登录和支付过程应该简单方便，其特点如下。

第一，会员的主要目的是购买产品，但有些顾客注册会员仅查看特定信息。它应该为任何人以任何理由注册会员提供一种简单的方法。目前，在中国注册会员最简单的方法是使用手机号码。

第二，中国互联网购物商城的支付方式包括定金支付、延期支付、第三方支付、网上银行等。大多数互联网购物商城同时提供多种支付服务，供顾客选择。在这些服务中，客户更喜欢使用二维码的移动支付和后付费服务，因为它们可靠和方便。

第三，当互联网购物商城的界面或菜单的构成比较简单时，顾客可以舒适地购物。即使在互联网购物商城上发布的商品类型和数量很多，互联网购物商城的设计和导航结构也意味着要简单。特别是互联网购物商城的印象是通过商品的发布状态、文本和图像的关系、色彩、界面大小或形态等设计来传达的，因此需要给顾客一种使用方法不难或不复杂的印象。

第四章

直播类手机应用程序设计和案例分析

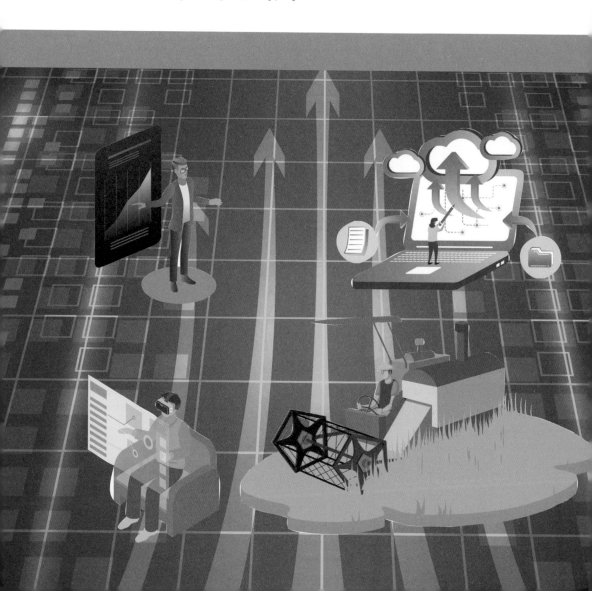

　　随着网络技术的高速发展，游戏、视频两个产业从最初的异步单向传播，转变为实时双向互动，专注于直播的平台悄然兴起，为用户进行观看提供了便捷舒适的全新体验。其中近年来游戏直播平台在短期内呈现爆发式增长，其庞大的用户量和资本注入都引发了大众的高度关注。本章选择直播类手机应用程序斗鱼APP为案例进行分析。

第一节　手机应用程序设计

一、产品框架

　　斗鱼APP直播页面首页（图4-1）顶部是频道栏，可以左右切换，选择标题会变橙色，引导用户选择正确的观看页面。频道栏下面是由搜索栏、游戏中心和消息通知组成的工具栏，搜索栏可以搜索自己喜欢的内容。横幅（Banner）广告主要是以游戏类推广以及主播直播的推广活动。中间部分是宫格功能区域，是全部直播的分类，包括推荐的直播、签到等，首页面下半部分主要是热门直播的宫格版块。

　　首页面顶部频道栏的视频页面（图4-2），主要以热门视频为主，宫格内容上面为视频封面，下面为视频介绍和视频分类。

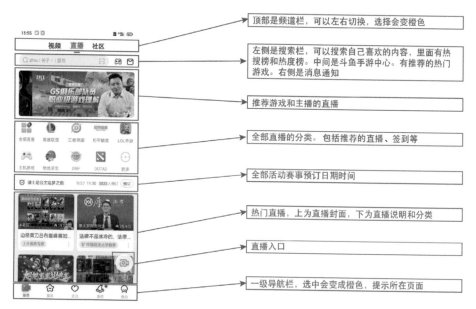

顶部是频道栏，可以左右切换，选择会变橙色

左侧是搜索栏，可以搜索自己喜欢的内容，里面有热搜榜和热度榜。中间是斗鱼手游中心。有推荐的热门游戏。右侧是消息通知

推荐游戏和主播的直播

全部直播的分类。包括推荐的直播、签到等

全部活动赛事预订日期时间

热门直播，上为直播封面，下为直播说明和分类

直播入口

一级导航栏，选中会变成橙色，提示所在页面

图4-1　斗鱼APP的直播页面产品框架

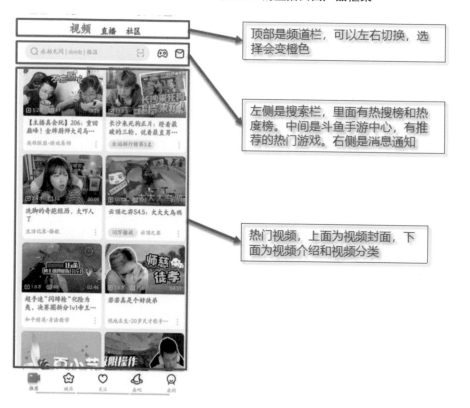

顶部是频道栏，可以左右切换，选择会变橙色

左侧是搜索栏，里面有热搜榜和热度榜。中间是斗鱼手游中心，有推荐的热门游戏。右侧是消息通知

热门视频，上面为视频封面，下面为视频介绍和视频分类

图4-2　斗鱼APP的视频页面产品框架

首页面顶部频道栏的社区页面（图4-3），依旧是顶部频道栏和搜索栏都延续了首页面的板块内容，体现一致性。社区页面主要以置顶话题和讨论热点，以及推荐游戏为主。视频推荐板块，小标题标注热门推荐内容名称，下为热门推荐的视频。界面上的功能图标是发布动态的功能键，图案是一支古代羽毛笔书写的形态。

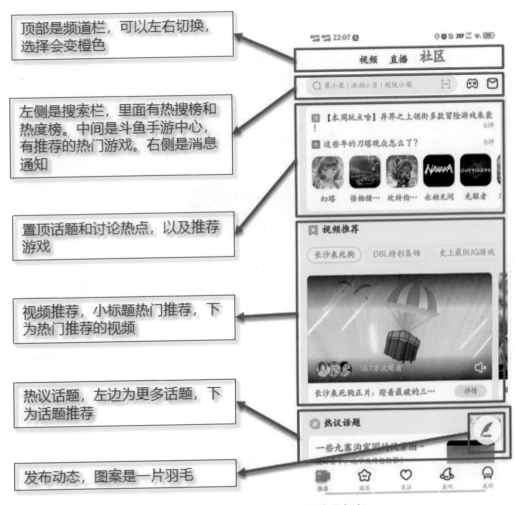

顶部是频道栏，可以左右切换，选择会变橙色

左侧是搜索栏，里面有热搜榜和热度榜。中间是斗鱼手游中心，有推荐的热门游戏。右侧是消息通知

置顶话题和讨论热点，以及推荐游戏

视频推荐，小标题热门推荐，下为热门推荐的视频

热议话题，左边为更多话题，下为话题推荐

发布动态，图案是一片羽毛

图4-3　斗鱼APP的社区页面产品框架

二、特色功能区

斗鱼APP直播页面首页（图4-4）还有最近的活动，用户可以预订自己喜欢的直

播，热门推荐的视频就在主页面的下半部分。视频页面上面是热点视频，下面是推荐的视频。视频内容是一些主播在直播中的高光时刻，囧态、萌态和粉丝们剪辑的搞怪视频，以及博主自己的个人创作等。社区页面是热门视频跟热门话题讨论推荐的地方。直播类的APP属于娱乐范畴，涉及范围广，大众需求不同，根据大数据后台推送热门，关注量、点击量大的放入首页，供用户选择。

(a)   (b)   (c)

图4-4　斗鱼APP的首页功能区

　　娱乐功能区（图4-5）主打的是直播，分为音乐、舞蹈、户外、交友、二次元、开黑、电台、颜值、一起看、趣生活、电台新声、美食、数码科技。分类里面还有分类，主要是视频跟直播，再细分大内容里的小内容。

　　关注功能区（图4-6），关注的是主播的直播消息：直播中和未开播。视频页面是关注发表的视频，可以转发、点赞、评论。动态页面是关注发表的动态消息以及自己发表的动态消息，也可以转发、点赞、评论。

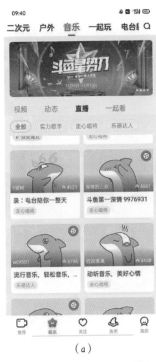

（a）　　　　　　　　　　　　　　（b）

图4-5　斗鱼APP的娱乐功能区

（a）　　　　　　　　　　（b）　　　　　　　　　　（c）

图4-6　斗鱼APP的关注功能区

斗鱼APP的鱼吧功能区（图4-7）页面有动态、推荐、赛事、社区四个板块。动态是关注的主播发表的消息动态。推荐是热门主播发表的内容，可以转发、点赞、评论，跟微博、百度贴吧类似。赛事是最近的游戏比赛赛事，数据是比赛的积分榜、选手、战队、英雄的详细内容。社区是斗鱼联运游戏，还有主播推荐和兴趣吧，兴趣吧跟帖吧类似。

（a）　　　　　　（b）　　　　　　（c）　　　　　　（d）

图4-7　斗鱼APP的鱼吧功能区

三、核心功能区

斗鱼APP的直播核心功能区分为直播拍摄、搜索板块、视频板块、游戏板块和直播充值，针对以上板块进行服务设计分析。

第一，直播拍摄（图4-8）。斗鱼APP的直播入口在右下角主页页面上，快手的直播入口在一级导航栏里面，另一个地方是在观看直播的右边划出来。斗鱼直播分为手游直播、摄像直播和语音直播。手游直播可以选择游戏类别；摄像直播选择的分类除游戏外还有娱乐、教育和科技文化等方面的内容；语音直播有推荐的话题选择。斗鱼直播播放页面简洁明了，分区明确。主要分为两大板块：视频播放跟聊天互动窗口，并列的可以看主播的视频、主播主页介绍、贡献排行榜。下半部分均是发弹幕、送礼物。

图4-8　斗鱼APP的直播核心功能区的直播拍摄

第二，搜索板块（图4-9）。斗鱼APP的热搜榜在上面，热搜榜大多都是关于游戏和主播的。而主播榜、视频榜是大的分类，最下面的精选分类，就是在主播榜和视频的基础上分化细致，涉及每一类的排行榜。

第三，斗鱼APP的视频功能区（图4-10）只有一个版块，看视频先看到标题介绍，再点视频看视频内容，看视频需要点击进去，看其他视频则需要退出来点击下一个，但是视频下面就直接有主播的其他视频。斗鱼APP的视频标题内容更吸引人，用户可以过滤掉自己不想看的视频，只选自己感兴趣的直播内容。

图4-9　斗鱼APP的直播核心功能区的搜索板块

（a）　　　　　　　　　（b）

图4-10　斗鱼APP的视频功能区

第四，游戏板块（图4-11）。斗鱼APP的游戏中心就在主页搜索的右边，点进去有四个大致分类：精选是游戏的精选推荐；排行榜是游戏在各种领域的排行；发现是游戏类型的分类，还有相关的专题等游戏推荐；剩下就是"我的"，就是用户在斗鱼上下载的游戏。总的来说，斗鱼APP的游戏板块就像是一个下载应用商店，方便用户选择自己感兴趣的应用下载。

（a）　　　　　　　　　（b）　　　　　　　　　（c）

图4-11　斗鱼APP的游戏功能区

　　第五，直播充值（图4-12）。斗鱼APP上用户送礼物用的是"鱼丸"和"鱼翅"，符合斗鱼品牌的主题。"鱼丸"是做任务领的，"鱼翅"需要充值，充值金额最少是1"鱼翅"（等于1元），最高10000元，送礼物最少用0.1"鱼翅"，充值支付方式主要以当下国内最流行的支付宝、微信、银联等支付方式。目前国内直播行业主要依靠直播演绎的服务，从观看者打赏获取高额的报酬。

（a）　　　　　　　　　　　　（b）

图4-12　斗鱼APP的直播充值功能区

第二节　中国直播类手机应用程序市场的规模

中国的网络营销经历了从图文时代到短视频、直播时代的发展。微博时代，网红达人靠图文积攒粉丝；如今碎片化、精细化的短视频内容与即时互动的直播方式相融合，共享流量，优势互补，利用更真实、更直观的特点帮助用户快速了解商品，缩短消费决策时间，吸引用户购买。2014年以来，随着国家对电竞的政策扶持加强、电竞游戏技术进步，斗鱼、虎牙、熊猫直播等"小而美"的游戏直播平台高速发展。2020年以来，受新冠疫情的影响，直播行业在线下发展受阻，但线上市场在直播、短视频平台的助力增长迅速，总体规模实现逆势上涨，行业正处于黄金时期。随着大量政策扶持及资本力量的介入，中国直播行业将加速向正规化、专业化发展。受新冠疫情的影响，移动电竞游戏平台、电竞直播平台、娱乐直播平台获得发展红利，成为直播行业发展的新增长点。据调查，截至2019年中国在线直播用户规模为5.0亿人。2019年，中国在线直播主流平台PC端月均活跃用户数较多的平台主要为斗鱼直播、YY直播，移动端娱乐类月均活跃用户数较多的主要为抖音和快手，移动端游戏类主要为斗鱼直播和虎牙直播。

第三节　影响用户观看直播类手机应用程序的因素

在互联网全民普及和网络功能不断开发的情况下网络直播开始被更多人所认同。

直播类APP的实效性、互动性、安全性三个因素直接影响用户的直播参与感。

1. 实效性

直播具有实时传播性。传统的网络视频平台，创作者需要将编辑好的内容经过后期制作以后再上传发布，用户收看具有时滞性。但网络直播与此不同，主播直播的内容与用户的收看随时随地同步进行，除同步收看内容以外，用户还可以与主播通过网络直播平台进行互动，主播直播内容的时候用户也可以同步进行评论交流、打赏等行为。

2. 互动性

直播具有很强的互动效果。传统网络视频平台也会提供互动版块，然而由于用户收看视频的时间滞后，导致互动多限于用户在视频留言区发送评论等单方面形式。尤其是用户在评论之后迫切想尽快收到回复的心理作用，大大影响了传统网络视频平台的发展。然而网络直播中主播可以与用户实时互动，用户与用户也可以实时互动，互动性极强，用户参与感强。

3. 安全性

直播能够赋予用户较强的归属感以及安全感。安全感主要来源于用户在平台中所进行的社会性交际行为。用户在观看直播的同时，通过互动可以与主播以及其他用户建立社会联系，我们简称为"网络社会圈"，而且这种社会关系甚至可以延伸至直播平台之外，例如某直播网红主播利用组织一场个人粉丝见面会，或者组建个人粉丝团等方式让用户有一种归属感和安全感。用户能够通过类似的网络社会联系对于直播平台产生一定的归属感、安全感和依赖感。

第五章

教育类手机应用程序设计和案例分析

　　教育类手机应用程序具有清晰的产品定位，在互联网+教育时代，抓住学习者的痛点，利用网络教育的优势，在职业技能培训领域占据领先地位。尤其在新冠疫情期间，在线教育行业迎来井喷式发展。

　　其中网易云课堂APP定位为B2B2C在线教育平台，教育形式多样，以内容为驱动。主要为想学习实用知识、技能的学习者提供包含海量、优质课程的一站式学习服务，通过付费课程盈利。因此，本章选择网易云课堂APP进行服务设计案例分析。

第一节　手机应用程序设计

　　网易云课堂APP具有清晰的产品定位，沿用了互联网+教育时代，以学习者为中心的痛点，利用网络便捷便利的教育优势，在学习效率、教学场地以及反复学习观看内容方面有着突出的优势。此次针对网易云课堂APP的首页、核心功能区、个人页面进行服务设计分析，解析该APP设计的优缺点。

一、首页

　　网易云课堂APP的首页（图5-1）大致分为搜索框、Banner广告、推荐等板块。首页的颜色比较丰富，整体界面结构清晰简洁，板块内容一目了然，页面结构划分清晰，课程划分细致，一定程度上能缓解用户在学习过程中的视觉疲劳，非常贴近用户的需求，也为用户提供了参考和借鉴。课程详情页面比较偏向电商模式，有丰富的参考板块，功能多样但并不杂乱。

　　网易云课堂APP首页上的搜索框，类似微博热搜，会主动推荐课程。导航栏根据大数据划分为实用英语、

图5-1　网易云课堂APP首页

大学考试等板块。Banner广告推送优惠课程活动等。Banner广告下面的图标这一矩阵涵盖了实用工具，首页更容易引起用户注意，提高首页面的功能服务使用力度，使得用户的主动探索性也更强。后面各大专栏布满新课推荐、免费好课、微专业等，从上下滑至尾部需要三四下，根据用户习惯，使用相对较少。

二、核心功能区

网易云课堂APP的核心功能区由微专业、精品课两大部分组成（图5-2）。微专业围绕职业，以课程为单位，整合相关的课程资源，避免了用户对网络上明显供过于求且质量参差不齐的学习资源进行筛选（图5-3、图5-4）。以就业为导向，打造最为实用的在线职业教育培训方案。其目的是让用户快速、全面地掌握相关技能，并获得工作机会。用户按要求完成学习，考试通过可获得专业认定证书。对于这些有就业需求的用户来说，如果微专业定位是简单普及知识或者过于深入知识都是不合适的，定位为职业基础课程可能更适合目标用户群体。

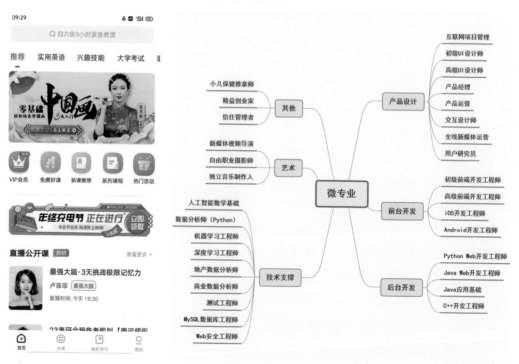

图5-2 网易云课堂APP核心
功能区的微专业

图5-3 网易云课堂APP核心功能区的微专业思维导图延展

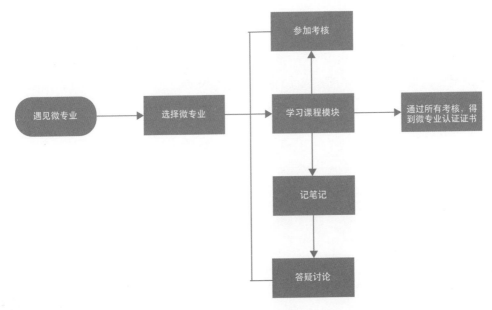

图5-4　网易云课堂APP核心功能区的微专业使用流程

网易云课堂APP核心功能区的精品课（图5-5~图5-8），主要是为了解决用户学习提升的需求，并不是完全以就业为目标。同微专业相比，它的量级更小，学习流程更少，价格也更便宜，用户的期望值更低。网页端的精品课还可以查看公开笔记和讨论区——这是一个很独特的角度，让未进行选择的用户根据已购买用户的笔记和讨论区的内容，来衡量课程的质量。记笔记是学习中将知识内化的一个非常重要的过程。网易云课堂APP在网页端提供了相关的功能，可以添加时间驻点和设置可见度，并且可以进行后续的修改、收藏、分享等操作。社区讨论功能同样是很重要的一个功能。目前网易云课堂网页端提供了社区讨论的方式，分为老师答疑区和综合讨论区。

图5-5　网易云课堂APP核心功能区的精品课

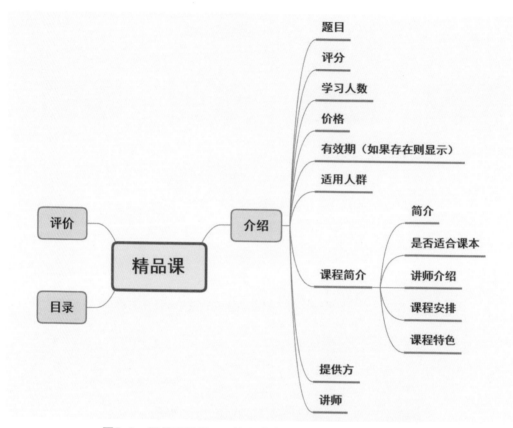

图5-6　网易云课堂APP核心功能区的精品课思维导图延展

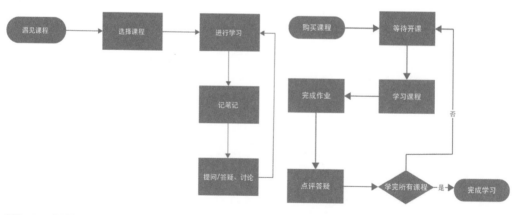

图5-7　网易云课堂APP核心功能区的精品课使用流程

图5-8　网易云课堂APP核心功能区的精品课付费学习流程

三、特色功能区

网易云课堂APP在用户初次进入的时候可以选择感兴趣的知识，用户可以根据自己的兴趣，建立用户定制个性推荐，如笔记、多场景功能、社区问答等。网易云课堂从多方面来为用户提供服务，最大限度地满足用户的需求。

第一，免费好课（图5-9）的设置可以让用户先体验，保留一部分用户，积累增加用户好感，再带动付费部分的发展。

第二，网页端的精品课还可以查看公开笔记（图5-10）和设有讨论区。网页端区别于其他APP的笔记功能，它是根据时间段来记录用户的笔记和讨论，方便用户查找会议当时的内容，这是一个创新服务的设计，让未购买课程的用户，通过其他用户分享的笔记和讨论内容来判定课程质量和内容是否符合自己的需求。

（a）　　　　　　　　（b）

图5-9　网易云课堂的特色功能——免费好课

（a）网页端　　　　　　（b）手机端

图5-10　网易云课堂的特色功能——笔记

（a）网页端　　　　　　　　　（b）手机端

图5-11　网易云课堂的特色功能——社区问答功能

　　第三，多场景模式。在某种学习场景下，网易云课堂可以提供适合此种场景的授课方式。例如在开车或走路的场景下，用户无法分心看视频或文字，这时更适合语音呈现课程。但是在学习方式上，视频结合文档的兼顾视觉与听觉的方式，笔者认为学习效果最好，而这种方式目前也是网易云课堂的主要方式。

　　第四，社区功能（图5-11）。社区讨论功能同样是用户很重要的一个功能。目前网易云课堂网页端提供了社区讨论的方式，分为老师答疑区和综合讨论区。老师答疑区的帖子是对课程内容的查漏补缺与修正；用户在综合讨论区获得的回复与赞同，也可以让用户获得成就感，提升用户的学习兴趣。

　　第五，个性化定制（图5-12）。网易云课堂根据用户选择的标签可以智能推荐相关课程，避免用户浪费不必要的时间，推荐的课程也更容易提升用户的课程购买率。

图5-12　网易云课堂的特色功能——个性化定制

四、个人页面

个人页面主要是对用户的账号进行管理（图5-13）。其中包括"消息图标""扫一扫""我的订单""我的拼团""优惠券""选课单""我的收藏""我的余额""调整学习兴趣""推广赚钱""帮助与反馈""给我们好评"12个方面。

推广赚钱是网易云课程提高用户使用本APP的黏度的一种营销手段。从服务设计角度而言，它几乎可以承接一个单独的APP，底部三个Tab（标签）是必推课程、我的收益、个人信息。它除了嵌套了课程分销页以外，还利用悬浮Tab的方式在APP里跳转到网页端、课程购物车、账号页；跳转到网页端后还提示下载APP查看。

图5-13 网易云课堂的个人页面

第二节 中国教育类手机应用程序市场的规模

据中国《2015年国民经济和社会发展统计公报》数据显示：2015年在线教育市场以32%的行业增长率位居国内全行业市场增长率第三位，此时距国内第一批在线教育平台的成立时间不过7年。

2017年中国互联网络信息中心《中国互联网络发展状况统计报告》、艾媒咨询

《2017年中国在线教育行业白皮书》显示：截至2017年6月，中国在线教育用户规模达到1.44亿人，手机端在线教育用户规模1.199亿人，占比达83%，在线教育使用率占全网民比重的19.2%。2017年在线教育市场规模达到2810亿人，增长率为26.7%。未来几年，中国在线教育的市场规模同比增长幅度持续降低但增长势头保持稳健，预计在2022年其市场规模将达5433.5亿元。

不管是网易云课堂还是其他在线教育软件，两者的主要用户都来自北京、上海、广东、浙江等省市，这些地区经济发展水平较好，互联网普及率较高，有着庞大的用户基数。

中国在线教育依托互联网技术诞生并加以发展，技术的不断发展进步使在线教育行业发展迅速。硬件性能的提升为用户在线学习的使用体验带来了极大的改善，更高性能的设备可以提供更加优质的体验。大数据、人工智能等软件技术的发展落地，可以为用户在线学习提供更多的教学及学习服务。

第三节 影响用户使用教育类手机应用程序的因素

教育类APP如何留住用户，能和用户保持持久的黏度并营造一个良好的教育环境。下面从满意度、互动性、易用性、广泛性四个方面出发分析影响用户使用教育类APP的因素。

1. 满意度

核心点在于"用户能否快速学习一门自己喜欢的课程，并觉得很满意"。例如你是一个平台的新用户，在首页为你推荐的课程一定是优质还可能是免费的，同时还会随机给你大额的优惠券，让你感受到这是一个精品课程在线学习平台。同时平台课程丰富，从免费到数千元的微专业大课都有，能满足不同付费能力人群的需求。比如大学合作课程是免费的，还有很多专业先导课是免费的，短视频的知识课程在百元以内，职业类定向培养的课程多为几千元，价格合理。在使用产品的这段时间里，用户没有收到过多的推送，也不会强制推送优惠券信息，这让用户的感知度很好，能感觉到这个APP对用户的打扰是努力克制的，可以给予用户良好的使用体验。

2. 互动性

在教育学领域，国内外学者在多个维度对教学过程中的交互方式进行了分类。美国宾夕法尼亚州立大学学习和绩效系统系教育学教授迈克尔·穆尔（Michael G. Moore）博士提出学习者与学习者、学习者与教师以及学习者与内容三种不同类型的互动，交互方式多样化调动了用户的学习积极性。多样化的交互方式提高人机交互的自然性，使得用户可以与提供的服务和谐沟通与交流。在公共场合中，用户可以选择数据或图像交互，而在安静的场景中，用户可选择语音、行为交互。设计合理的多样化交互方式给用户更多的选择体验，使得交互高效而和谐。教育类APP以其多样化的交互方式，使学生、老师和家长通过APP交流信息、分享经验。首先是人与APP的交互，学生通过APP获得学习资源及学习支持。如将游戏元素融入教学过程中，以游戏的吸引性、竞技性、浸润性引发学生的学习兴趣。其次，是人与人之间的交互，常用的社交软件如微信、QQ等能够帮助学生建立学习小组，方便师生、生生、师师之间的互动。另外是通过网络学习社区、平台类APP帮助学生结成学习共同体，增强线上学习的质量。

3. 易用性

易用性对于教育类APP的用户来说意味着易于学习和使用、减轻记忆负担、使用的满意度高等。产品易用性好，很可能是因为产品功能少，界面简单；也可能是用户认知成本低等因素。总之，同样的产品、功能、界面和环境，对于不同的用户而言，易用性也是不同的，因为用户的认知能力、知识背景、使用经验等都不同。教育类APP在使用过程中的顺畅程度会直接影响用户的体验感受以及学习成效。操作烦琐的系统会给用户带来一定焦虑感，阻碍用户使用过程中的感受。

4. 广泛性

学习资源的广泛性与个性化可以满足学生的学习需求。当今是知识经济的时代，是创新的时代。个性化学习是培养学生的独立思考、分析、创新能力的重要手段，资源的广泛性为学生的个性化学习提供了基础，个性化学习不仅能够促进学生独立学习习惯的养成，对于学生创新潜力的挖掘也具有重要作用。信息技术支撑下的个性化学习符合时代要求。

为使学习者能够得到全面而有特色的发展，教育类APP能够为学习者提供合适步调的课程和平台，涉及不同的领域、不同的专业、不同的目的，学习者根据自己的兴趣和需要选择不同类型的APP，能够尽可能地满足不同学习者的多元化个性需求。学习资源形式多样，教育类APP可以为学习者提供文本、语音、视频以及多种形式结合的学习资源。而资源的形式多样化使得学习内容变得合理、直观、生动有趣，视听结合的学习资源提高了学习者的学习兴趣，调动了学习者的学习积极性，使得学习变成一件有趣的事。同时，使用教育类APP能够提高学习者对信息技术的掌握，使学习者能够更加灵活地利用技术去学习。最后，教育类APP能够为学习者提供无障碍学习，缩小机会和成绩差距。许多学习者有不同的教育需求需要解决，例如身体有缺陷的学习者，他们可能需要特殊的学习工具来解释学习内容、记笔记、组织信息等，教育类APP能够支持具有不同需求的学习者参与不同活动，开发人员可以通过在APP中增加针对学习者不同需求的选择功能，确保提供服务的个性化。

第六章

社区类手机应用程序设计和案例分析

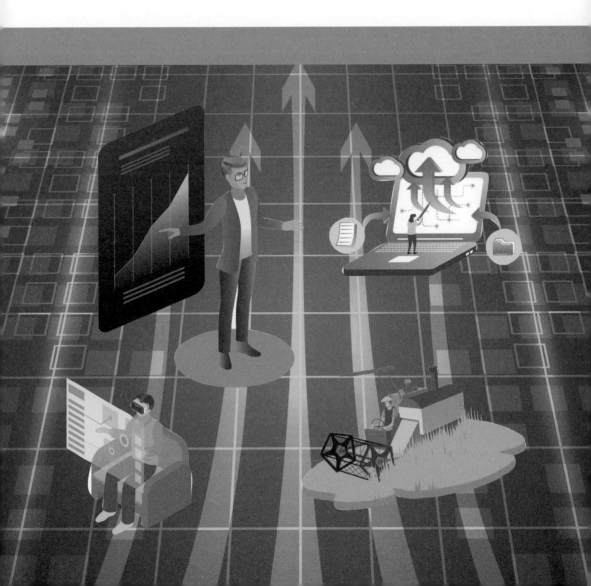

　　大数据时代，信息的获取方式越来越多样化，随之而来的是信息内容也越来越碎片化。人们深度思考与阅读的时间越来越少，短视频占据了大部分人的视野，"奶头乐"正在腐蚀着部分人的身心。从最开始的博客到微博，到短视频，我们失去的不只是阅读能力，还有深度思考能力，更不用说写作能力了。在这种情况下，深度阅读与写作类的APP在碎片化的洪流中逆流而上。本章选择了简书这款社区类APP进行服务设计案例分析。

第一节　手机应用程序设计

一、首页

　　好的推送可以抓住用户的心理，反之则不然。简书APP首页（图6-1）的内容动态推送着用户关注的最新内容，是用户获取内容的最主要途径，直接决定了用户接触的信息量。

　　简书APP首页整体界面清新简约，大方沉稳。搜索框与常规APP一致，位于首页面顶端，作用是方面用户第一时间通过搜索框搜索自需的相关内容。背景色均为白色，底部Icon都是线组合，服务和APP简约的调性使用户在使用过程中会处于安定状态。简书APP的首页面存在过多的广告投放，分布在底部和界面中，占比较大，对用户使用过程可能形成一定的干扰。简书APP的首页面还有一个特殊的服务功能，就是文章创作者和日更天数等信息存在于页面上。此外首页面还设有屏蔽选项，对不喜欢的内容直接删除掉，不同于其他APP需要

图6-1　简书APP首页

选择不喜欢的理由，简书APP是直接删去，省略的步骤让用户感受到简书APP对用户的服务态度。

二、核心功能区

　　简书APP核心功能区的搜索界面（图6-2）沿袭了简约的特点，白色为主背景色，浅灰色为辅助背景色。搜索界面中简书为用户提供的标题内容有点少，类似于朋友圈的营销，标题党现象严重，一个页面有10条内容，使用长时间发现搜索榜单更新周期较慢。

　　简书APP核心功能区中的发布文章（图6-3）是其一大服务特色。用户首先通过界面中右下角的红色圆圈"+"号，进入跳转功能界面。选择使用模板创作、发文章或发帖子，用户根据自己的需求进入页面发表文章或者帖子。简书的特殊服务功能是这个模板创作，方便用户根据自己的风格喜好选择或设计发布文章的背景。

图6-2　简书APP核心功能区的搜索界面

（a）　　　　　　（b）　　　　　　（c）　　　　　　（d）

图6-3　简书APP核心功能区的发布文章

三、个人页面

简书APP以名片的形式将个人页面（图6-4）展现出来，层次清晰，内容丰富，并可关联社交账号。用户的动态及已发布文章均可展现给来访者。用户可自定义个人主页背景照片，并可自定义个人域名。个人主页下增加"阅读记录"选项，显示用户读过的文章及数量，增加阅读成就感。

在简书APP的消息界面（图6-5），评论、点赞、关注、赞赏等都隐藏在互动消息的二级页面当中，容易让用户忽略。

　（a）　　　　　　　　（b）　　　　　　　　　　　　　（a）　　　　　　　　（b）

图6-4　简书APP个人页面　　　　　　图6-5　简书APP个人页面的消息界面

四、盈利模式

简书APP的盈利模式分为广告投放与打赏两部分。其中打赏是指简书APP推出了"简书钻"（图6-6）。"简书钻"可以充值获得，谁的"简书钻"多，谁就能获得更多的曝光量，曝光量越多，就能获得越多的"简书钻"。"简书钻"可以折合为人民币提现，但要先把"简书钻"换成"简贝"，成功之后，在交易市场有人买你的"简书钻"才能进入下一关，把"简贝"换成"FTN"，这要用到一个服务入口，链接很难打开，而且还要等13周到账。在简书码字的创作者得不到平台的任何收入，包括和简书签约的作者，唯一的收入来源是读者的打赏，而且满100"简书钻"才能提现。

图6-6　简书APP的盈利模式——"简书钻"

在简书APP中，每一个用户都可以创建自己的专题，专题接受所有人的投稿，你可以对投稿进行审核，也可以主动将符合你的专题要求的文章添加到专题中。这给予了内容以一种全新的、结构化的组织和沉淀方式，那些分散的、被埋藏的优质文章将通过专题收录被重新发现并赋予价值。而用户也可以通过评论、分享等实现互动，从而形成阅读和写作社区，实现社交功能。

第二节　中国社区类手机应用程序市场的规模

在微博时代之前，中文互联网上的信息传播基本由门户网站掌控，如搜狐、腾讯、网易、新浪等。而自媒体的兴起带来了大量各行各业的独立民众，其中不乏各界精英及从传统媒体中脱离出来的专业媒体人士，他们带来的知识、信息涉及的领域非常广泛，致使自媒体囊括了精英和草根的话语权；自媒体的组织化和去中心化是对传统门户网站的最大冲击（代表如天涯、猫扑等网络论坛的兴起）。但是随着移动互联网的发展带来的网络文化的巨大变革，以及随着人们对于获取知识和信息的需要和共享需求的不断提高，传统网络论坛的时代已经不能满足人们随时随地地进行连接和分享用户生成的内容，互联网网民的行为已经发生新的变化，新的知识型社区网站开始兴起，以知乎和简书等社区为代表的网络问答社区逐渐受到网民的青睐。

2016年有愿意为知识付费的用户数增长了3倍，知识付费用户已接近5000万人，截至2017年3月，用户知识付费（不包括在线教育）可估算的总体经济规模为100亿～150亿元。2016年年中，随着以简书、知乎Live、分答等为代表的新一批知识社区类付费平台上线，知识社区类付费体系逐渐正规化，知识社区类付费平台进入高速发展期。

第三节 影响顾客使用社区类手机应用程序的因素

互联网时代的到来，又同时进入到信息知识大爆炸的时代，而网上的海量信息知识让用户难以辨别。互联网技术的传播进一步放大了"知识鸿沟"在大众之间的差异，让获取信息和知识少的群体产生了焦虑。本节从三个方面出发：内容的真实性、产品的安全性、人机交互的交互性，分析影响用户使用社区类APP的因素。

1. 真实性

社区类APP内容的真实性对用户起到了至关重要的作用。在信息全面爆发的时代，文章内容的真实性对人、事、物都有着正面的真实性的引导。社区类文章的核心价值是真实，有逻辑性，能感动人，让读者感受到写得合情合理、真实有效，符合事物的发展逻辑。但是，现在有一些营销人员用特殊的软文字手法误导或引导读者对人、事、物的态度。所以社区类APP软文的真实有效性是影响用户持续使用的重要因素。

2. 安全性

社区类APP的安全性首先是系统的安全与稳定性，其次是用户发文内容的安全与隐秘性。在研究网络社区类APP中，实证发现平台的安全性积极影响用户持续使用意愿，用户在使用社区类APP时，系统的可靠性和稳定性越高，用户感知系统越安全，若系统安全性出现问题，那么用户就会对该APP产生质疑，用户持续使用意愿会受到消极影响。另外社区类APP的一个特点是用户可以在网络大世界中吐露自己的心思，在网络世界宣泄自己的情绪。所以隐私安全问题成为社区类APP的用户能否持续使用的决定性因素。

3. 互动性

社区类APP与用户之间的互动，可以通过产品功能更新迭代与用户间接沟通，当用户无数次的反馈各种问题，各种操作体验不好等的时候，产品还没有任何动作，也就是与用户之间没有了沟通。通过每次更新迭代的功能列表，让用户知道这个产品是在听取用户建议，有跟用户进行潜在沟通，用户的互动性也就会更加强烈。社区类APP用户之间的互动，据调查研究APP互动除了产品与用户的互动之外，还有社区内的用户通过平台的功能产生"用户与用户"之间的互动。例如：鼓励评论是增加作者和读者交互的最明显的方法，这比简单地要求读者留下评论要好。在文章的结尾处问一些问题以鼓励评论，往往能够引导强势读者的讨论。将问题转换为内容最简单的方法之一，就是干脆邀请读者提问，然后公开回答这些问题，以创造新颖独特的内容。

第七章

服务设计程序的开发

（以农产品手机应用程序为例）

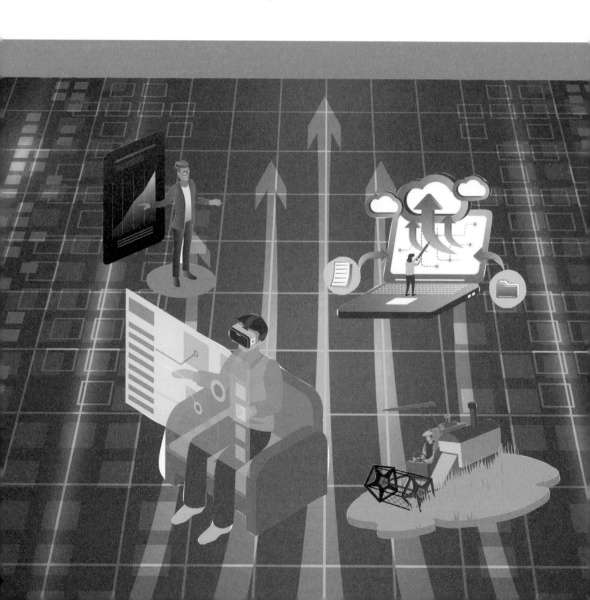

本章将双钻石模型应用到某蔬菜品牌网上商城的服务设计中。探索阶段采用观察、问卷、访谈法；定义阶段采用服务蓝图法；开发阶段进行系统图和原型设计；最后的交付方案提出了可用性测试方法和程序。

第一节　　探索阶段

正如第三至第五章所总结的，通过桌面研究（desk research），我们发现了专门经营农副产品的互联网商城的必要性和可能性。中国B2C互联网商城在政府"互联网+"政策、国内市场振兴、金融科技产业发展等影响下，出现专业化、细分化。其中，农产品专门网上商城以年轻的富裕阶层和上班族为中心，追求健康食品和安全食品，并呈现出增长趋势。但在中国大部分有机新鲜农产品网上购物商城都是大企业或跨国企业经营，因此，仅在一二线城市和部分三线城市的大城市销售和配送，中小城市的客户很难通过互联网商城购买到有机生鲜农产品。此外，客户更喜欢网络商城、移动网络商城和移动应用商城中可靠性、便利性、安全性和简单性最高的手机应用程序。

通过这些研究，笔者提出了可以为中小城市的顾客提供优质的有机新鲜农产品的网上商城解决思路。此外，为了区域的统一发展，针对中小区域的生产商和销售商，提出了移动购物应用程序的设计。此外，笔者还应用服务设计流程和方法，提出了一个面向客户的手机应用程序。

一、主体发现

经过对三线城市中有机农业生产基地、交通便利的地方进行案头调研，山东省寿光市是唯一需要建立一个以区域为基础的有机农产品专卖商城的城市。寿光市位于山东省中北部的沿海平原区，拥有中国最大的有机农业产区。种植面积约60万亩（1亩=666.7m²，下同），年产蔬菜约450万吨，以其品种多、营养价值高而闻名全国。

寿光有20多个农场和合作社，其中寿光投资集团有限公司是最知名的生产与销售的公司，经笔者与该经理电话及面对面采访，确定他们正在筹划进军B2C网购市场，最终将寿光投资集团有限公司蔬菜作为主体。寿光投资集团有限公司是寿光市第一家也是最大的合作社。1989年，寿光市三元朱村党委书记王乐义带领村民试验成功了温室种植技术，引进美国农业合作经营模式并传授给农民。此外，通过加强农产品价格竞争力，引领生产者创新。2006年，王乐义与生产商共同成立寿光投资集团有限公司，开始以某蔬菜品牌种植和销售有机蔬菜。

该蔬菜品牌共包括有机蔬菜20多类、100多个品种，所有蔬菜均通过中国质量认证中心的有机产品认证，成为中国有机农业产业的典范。该蔬菜品牌通过中国100多个批发市场和农产品贸易市场进行商业交易，并与国外10多个国家进行出口交易。海外出口占交易额的83.6%，其余16.4%是批发商与商家、农贸市场、大型商场和酒店进行B2B或B2G交易。政府机构是该品牌蔬菜B2G的主要客户，以国有企业的身份采购有机农产品，作为福利待遇分发给各级企业或学校。但近期，由于严格禁止和严格管理福利待遇分配、惩治腐败和不公平贸易，几乎没有与占国内市场销售额67%的政府进行交易。寿光投资集团有限公司需要开发新市场以解决由此造成的经济衰退，正计划建立一个B2C互联网购物中心，以进入直接向客户销售有机蔬菜的零售市场。

二、发现目标需求

寿光投资集团有限公司的蔬菜被选择作为B2C有机农产品互联网商城的销售主体。为了了解潜在客户的需求，笔者于2016年12月18日至28日为期11天走访了山东省三大线下市场。一项调查是从27～45岁中随机选择300名经济稳定且经常在线购物的人进行的。调查时向济南市银座超市、青岛市家乐福超市、烟台市沃尔玛超市各100人发放书面问卷，回收有效问卷银座56人，家乐福56人，沃尔玛37人，共170人。在这170人中，男性66人，女性104人，女性比例略高。

通过被调查者对食品安全、对有机蔬菜的兴趣程度、网上商城购买有机产品三方面共六项描述来了解农用蔬菜采购意向等需求。问卷调查结果如下。

第一个问题：对食品安全的关心程度。在受访者对食品安全的关注程度方面，有53人表示"很高"，占受访者总数的31.2%。84人回答"略高"，21人回答"一般"。这共计158名受访者分为三类，可被视为正面回应。而总体看来，170名受访者中，93%的受访者对食品安全感兴趣，3.5%的客户根本不感兴趣。对食品安全的关心程度调查统计表如表7-1所示。

表7-1　对食品安全的关心程度调查统计表

关心程度	很高	略高	一般	略低	没有
人数/人	53	84	21	6	6

很高	31.2
略高	49.4
一般	12.4
略低	3.5
没有	3.5

0　10　20　30　40　50　60　70　80　90　100

第二个问题：从网上商城购买有机蔬菜的购买意愿。回答"很高""略高"和"一般"的受访者通过网上商城购买有机蔬菜的人数分别为42人、59人和30人。积极回应的人数为131人，即77.1%。另一方面，共有39名受访者（即22.9%）回答他们较低意愿购买或"没有打算购买"。从网上商城购买有机蔬菜的意愿调查统计表如表7-2所示。

表7-2　从网上商城购买有机蔬菜的购买意愿调查统计表

购买意愿	很高	略高	一般	略低	没有
人数/人	42	59	30	33	6

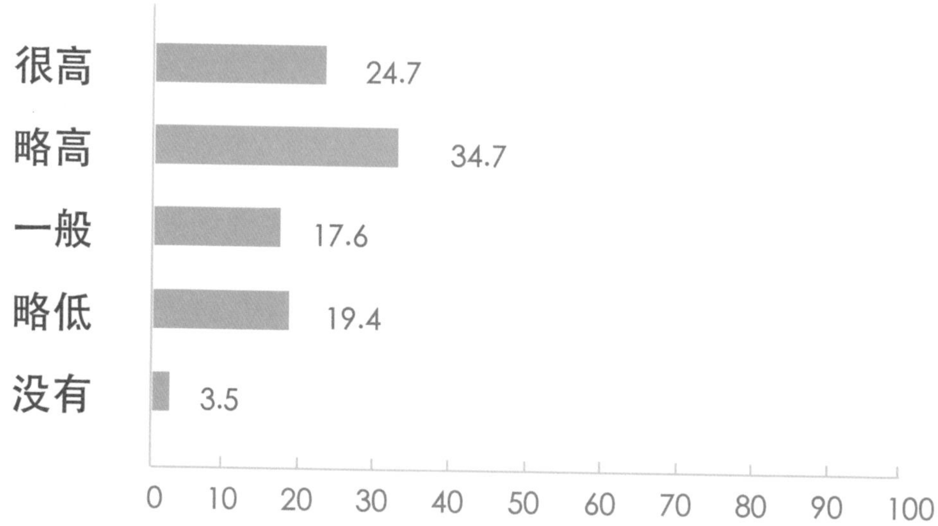

很高　24.7
略高　34.7
一般　17.6
略低　19.4
没有　3.5

0　10　20　30　40　50　60　70　80　90　100

第三个问题：网上商城有机蔬菜的期望价格。网上商城有机蔬菜比线下市场价格高5%或不到5%，有56名受访者（32.9%）表示他们也会购买。101人（59.4%）表示即使网上商城和线下市场价格相同也会购买，13人（7.6%）表示即使比线下市场贵1%~4%也会购买。但是如果网上商城比线下市场价格贵了5%以上，就没有购买意向。也就是说，网络购物只有在价格与线下市场相同或更低的情况下才能满足用户的购买欲望。网上商城有机蔬菜的期望价格调查统计表如表7-3所示。

表7-3 网上商城有机蔬菜的期望价格

网上商城有机蔬菜的期望价格	网上商城比线下市场价格高5%	网上商城比线下市场价格高不到5%	网上商城和线下市场价格相同	网上商城比线下市场价格贵1%~4%	网上商城比线下市场价格贵5%以上
人数/人	29	27	101	13	0

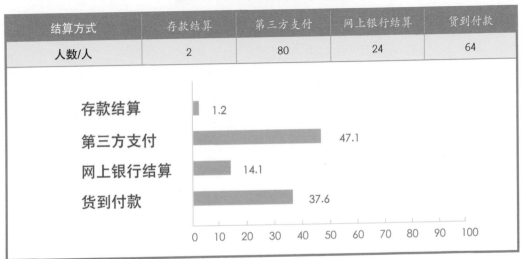

第四个问题：网上商城的首选支付方式。喜欢存款结算的人数为2人，占总数的1.1%；第三方支付人数为80人，占总数的47.2%，网上银行结算人数为24人，占总数的14.1%，货到付款人数为64人，占总数的37.6%。换句话说，客户更喜欢确保便利和安全的第三方支付和货到付款。网上商城的首选支付方式调查统计表如表7-4所示。

表7-4 网上商城的首选支付方式

结算方式	存款结算	第三方支付	网上银行结算	货到付款
人数/人	2	80	24	64

第五个问题：网购后接收商品的方式和时间。顾客在网络购物后的体验和期望是通过产品获取方式和时间完成的。在170名受访者中，69.4%的人希望直接在家中或工作中面对面接收，52人（30.6%）更喜欢间接方法，例如存放在快递箱或安全办公室。另外，在接货时间方面，80人（47.1%）更愿意在下单后3h配送，63人（37.1%）更愿意上午订购下午配送。虽然是新鲜的有机蔬菜，但15.9%的受访者即27人表示，下单后一两天内接收也是可以的，可以推断出对低温制冷系统的信任。网购后接收商品的方式和时间调查统计表如表7-5所示。

表7-5　网购后接收商品的方式和时间

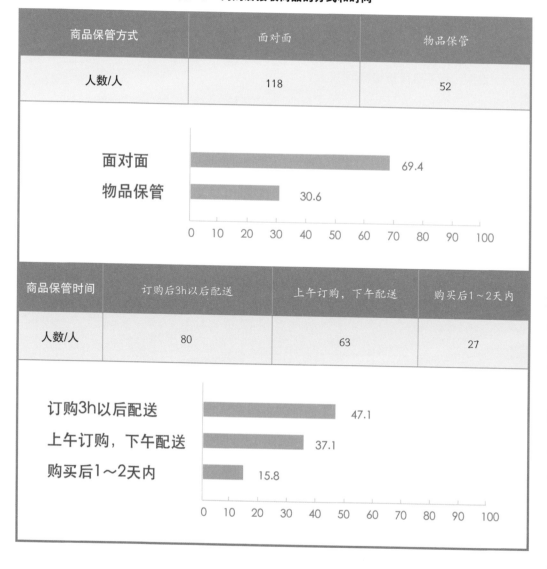

商品保管方式	面对面	物品保管
人数/人	118	52

商品保管时间	订购后3h以后配送	上午订购，下午配送	购买后1~2天内
人数/人	80	63	27

第六个问题：互联网商城提供的服务。在希望未来互联网商城提供的服务方面，选择有机产品证书公开有69人，占40.6%；选择农产品详细信息公开有31人，占18.2%；选择多种商品和数量有17人，占10%。另一方面，45人（26.5%）选择售后服务，说明对售后服务的兴趣高于除证书外与所售产品直接相关的其他功能。互联网商城提供的服务调查统计表如表7-6所示。

表7-6　互联网商城提供的服务调查统计表

服务	有机产品认证	购买历史记录	农产品详细信息	多种商品和数量	售后服务
人数/人	69	8	31	17	45

基于以上调查结果，如果一个互联网商城能够有效反映潜在客户的需求，那么将有可能通过吸纳网购有机蔬菜购买意愿较低的人群来购买，从而提高整体网购有机蔬菜的购买率。

通过桌面研究了解了中国"互联网+"政策、B2C农产品购物商城顾客的特性、设计和有机农产品的购买要素等。另外，通过与供应商的电话及面对面的采访，对居住在山东省的潜在顾客的问卷调查。从以顾客需求为基础的服务设计角度出发，笔者对某蔬菜品牌网上商城的建设意见如下。

一、某蔬菜品牌经营计划

某蔬菜品牌形成了全国规模的内销批发市场，拥有针对实体市场的经营结构和流通网络体系。为了成功进入利用移动应用软件的B2C市场，将以销售地区为中心，分两个阶段五年运营。本书涉及手机应用程序的设计，所以先构建手机应用程序的第一阶段的操作架构、配送网络、服务计划。

第一阶段：

虽然顾客对有机蔬菜的需求很高，但它被公认为是优质农产品。该蔬菜品牌第一阶段的销售范围从2013年到2017年山东省人均消费水平第1至第4位城市和产地的寿光市（表7-7）。青岛、烟台、济南、威海是山东省人均收入水平前四的城市，该蔬菜品牌在四个城市有出货进货的港口，这是该蔬菜品牌运输战略优点。以产地寿光为中线销售路径辐射青岛、烟台、济南在内的三个二线城市和两个三线城市威海、潍坊，确保了稳定的市场，为中小城市的客户和生产者提供了购买优质有机蔬菜的机会。可以得到"一石二鸟"的效果。

表7-7　2017年山东省人均消费水平城市排名

排名	地域名	全国排名	金额/亿元	人口/万人
1	青岛	12	10100	871
2	烟台	20	7003	702
3	济南	21	6536	706
4	威海	32	5746	927
⋮				
7	潍坊	41	3979	936

（数据来源：国家统计局"2017年中国城市消费水平排行榜"）

第一阶段，开设该蔬菜品牌的手机应用程序，进行两年的试运营。该蔬菜品牌拥有丰富的内部人才，但都是与批发及出口、实体市场相关的人才，缺少手机应用软件开发人员。因此，补充手机应用软件设计师和程序设计师。O2O专业市场营销人员等，后通过与山东省的包装企业达成合作协议，共同发展。

第二阶段：

在第二阶段的三年期间，将销售区域扩大到山东省其他13个城市，并向居住在4个主要城市的顾客提供优质有机蔬菜。随着销售区域的扩大，物流系统的补充，客户与送货员的直接联系增加，因此加强了员工服务培训体系。此外，加强内部运营体系建设，稳定品牌认知度。第二阶段的主要运营规则是，即使该蔬菜品牌发展迅速，也要把山东限定为销售范围。其他地区的有机农产品生产者也可以提供在该地区建立网上购物中心并成长的机会，为地区均衡发展做出贡献。

二、运营结构

运营主体应是农产品的生产者和提供者，也应是平台的直接运营者。平台作为连接农产品提供者和客户的中介和市场，应构建在市场准入阶段积极反映客户需求的总体运营格局，和应用设计师、程序员等，力保平台的建设和运营。

客体蔬菜是经过彻底管理栽培，获得中国质量认证中心有机产品认证的番茄、黄瓜、茄子、葱、南瓜、白菜等20类、100个品种的有机蔬菜。对象是居住在潍坊、青岛、烟台、济南、威海和寿光市的27~45岁的顾客。他们愿意从网上购物商城购买有机蔬菜，高度关注食品安全，重视有机产品认证和产品的详细信息。他们中的一些人愿意以比实体店高出5%的价格购买，但大多数人希望价格不变或更便宜。

最后，为互联网服务提供移动性、简便性、互补性的优秀的移动应用平台作为交易平台，实现二维码第三方支付、后付制。然后在手机应用程序上公布产品的证书及详细信息，让顾客能够进行充分的审核。顾客喜欢在购物后3小时内或当天配送，以及直接收货的方式。目前已有5个城市利用运行中的低温储存仓库和快递车进行低成本、高效运作。送货员是唯一与顾客面对面的可视供应者。进入B2C市场后，为了维持送货员的服务质量，提供专门的周期性培训计划。另外，与当地包装企业达成协议，确保少量包装的技术。

三、流通网络

某蔬菜品牌作为生产者直接经营种植地和配送公司，通过构建手机购物应用，形成生产、收集、储存、商品化、销售、配送一条龙的流通网络，如图7-1所示。

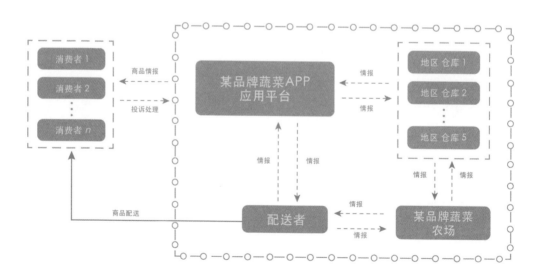

图7-1　某蔬菜品牌生产者一条龙配送网

四、服务方式

服务必须在提供新业务时更加谨慎。该蔬菜品牌在批发和出口市场中具有很高的知名度。但是B2C移动购物应用软件针对的是不特定的多数个人，他们在直接体验服务的同时，形成该蔬菜品牌的形象，因此其服务应该是系统的。

购买前阶段的服务是利用社会性媒体和网络直播宣传。微信、网络直播等社交媒体是很容易吸引冲动用户的媒体。网络直播是中国的热门媒体之一，可以与个人媒体或健康饮食电视台保持合作关系。通过这些媒介提供商品的最新信息、广告、活动、优惠券等服务，从而引导访问该蔬菜品牌手机应用程序，刺激商品的购买。

购买中阶段提供从加入会员到决定购买商品的附加服务。在对潜在顾客的问卷调查中，虽然有意见认为网上购物中心的商品价格和实体店一样或者贵1%～4%也可以购买，但是要便宜5%以上会有更多人购买。因此，可以通过使顾客在购买前通过社交媒体获得优惠券，或者注册会员提供充值金额，使商品在商城的价格比实际价格低5%以上。商品分为非洗涤蔬菜和半洗涤蔬菜，对需要后者的顾客，由专门的加工人员清洗后以真空状态配送。货品配送服务可按顾客要求的时间和地点送货，还提供免费的夜间送货服务。此外，根据中国节日送礼的传统，可以提供100元、200元、300元的3种移动应用购物券。

售后服务阶段是客户体验的完善阶段。商品的包装材料会使用泡沫塑料盒和冰垫等，尽量完整地运送商品，如果顾客要求就会回收包装材料。然后在手机应用程序上公布退换货、退款等详细信息，并由配送员直接让顾客确认商品的种类、数量、重量、价格等。此外，如果因蔬菜质量问题而要求更换或退款，配送员会进行接收或在24h内进行确认，将有机蔬菜的问题和照片上传到手机应用程序上。在72h内完成退换货或退款，但配送完毕24h后就不能因质量问题进行退款。

以上面的内容为基础，通过制作服务蓝图，可以整体确认该蔬菜品牌的手机应用程序服务的传达过程。

五、服务蓝图

服务蓝图是一种以顾客为中心，将整体服务传达过程系统化并以视觉来描绘的工具。供应商可以预测每一个交付过程所需要的服务，并采取适当的行动。该蔬菜品牌的服务蓝图是基于手机购物应用程序的物理证据，从用户行为、可视供应商行为、非可视供应商行为和支持流程等方面构建的。

用户行为的流程是：首先确认某品牌的蔬菜广告→访问手机应用→搜索或比较产品→注册→登录→选择产品→（先付款）→订购→接收产品→（后付款）→评估产品。通过在服务蓝图中优先考虑用户行为，该蔬菜品牌与客户交互提供可见的供应商行为，并且可以确定与隐形供应商行为和供应商内部交互支持流程相关的供应商内部所有服务。

与卖场职员、收银员等供应者的众多利害关系者直接与用户接触、行为频繁发生的实体卖场不同，该蔬菜品牌是手机应用程序商城，因此非可视的供应者的作用和支持过程非常重要。中国人的网购特点是当确定要购买商品时才注册，所以商城应通过手机应用程序主页提供主要服务来吸引用户注册。另外，市场营销组负责策划和制作与社交媒体或网络电台相关的活动、广告和节目。此外，技术团队将继续管理和更新移动购物应用程序，以帮助客户在系统没有故障的情况下顺畅购物。购买后提供的供应商服务通过客服电话、QQ等以及与送货员的直接接触。尤其送货员是上门送货或回收货物时，顾客唯一可看到的供应商行为，因此服务培训等支持也应包括在内。图7-2是某蔬菜品牌手机应用程序的服务蓝图构建图。

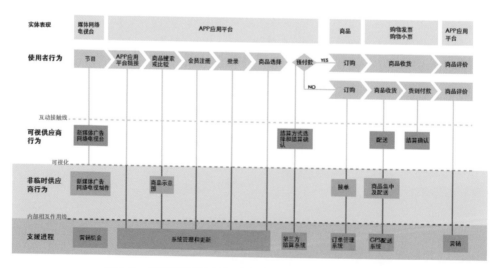

图7-2　某蔬菜品牌手机购物应用程序的服务蓝图构建图

第三节	开发阶段

为了设计某蔬菜品牌手机应用程序，首先进行信息架构（information architecture），并为顾客提供一个轻松、积极的购物体验。开发模型和线框见图7-3。

在首页面的信息结构中，设置了菜单、快速查看、购物车、我的页面等导航栏目。菜单的子项包括水果和蔬菜、叶菜类、根茎类蔬菜、花卉蔬菜等。在快速查看子项中，提供了八项服务，包括特价商品、菜篮子和会员优惠、充值、e-商品券、食用方法、配送追踪和直播。购物车的子项目包括订单/配送信息、结算，个人信息的网页子项目包括会员注册、登录、订单/配送查询、客服中心。

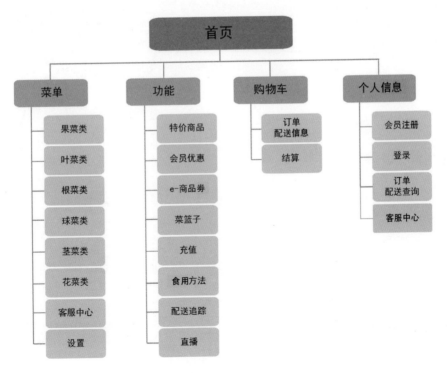

图7-3　某蔬菜品牌手机应用程序信息结构化

　　原型是为了确认APP设计的理念，而低保真原型机不利于交互设计的呈现，只是简单的界面，但是，用Mockplus软件制作为APP高保真原型，有较强的交互能力。手机屏幕分辨率一般为1440px × 2880px，设计主页、产品详细页面、会员注册、登录、购物车和支付页面。标志使用某蔬菜品牌现在使用的标志，确保品牌象征标志，保持一贯性和统一性；字体使用黑体，彰显时尚而又强调可读性。某蔬菜品牌手机购物应用程序主要色彩如图7-4所示。

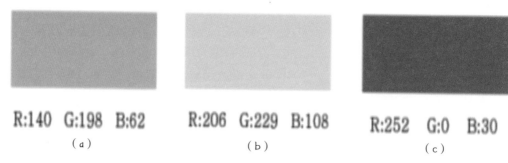

R:140　G:198　B:62
（a）

R:206　G:229　B:108
（b）

R:252　G:0　B:30
（c）

图7-4　某蔬菜品牌手机应用程序主要色彩

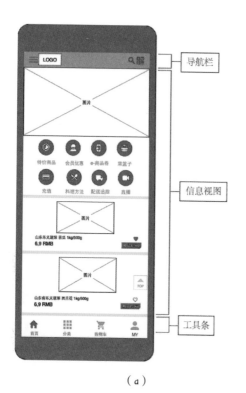

（a）

（b）

图7-5　某蔬菜品牌手机应用程序首页

整个页面的基本框架由上方的导航栏、显示特定内容的信息视图和下方的工具栏组成（图7-5）。该工具栏添加了导航功能，以导航到主要的类别。

某蔬菜品牌手机应用程序主页搜索窗口位于上方，有一个放大镜图标和二维码扫描按钮（图7-6）。只要点击图标，就会打开新的搜索页面，搜索窗口下面会自动提示与用户搜索的词组相关的商品，以帮助用户进行选择。另外，下端是过去搜索过的商品记录。而如果有特定产品的二维码，只要扫描一下就可以得到同样产品的信息。

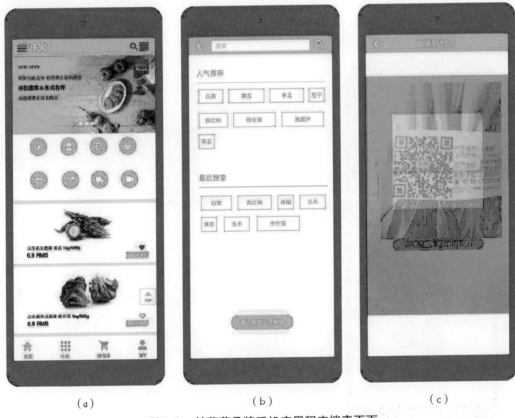

（a）　　　　　　　　　（b）　　　　　　　　　（c）

图7-6　某蔬菜品牌手机应用程序搜索页面

主页独特的设计元素是将菜单的八个子项功能制作成快捷菜单图标（图7-7）。主页以快捷菜单图标的形式配置顾客经常使用和重视的功能，强调了实用性。特价商品是指在特定的时间内进行促销活动的商品。不像大多数的商店利用临时弹窗弹出广告来吸引顾客，该蔬菜品牌被设计成可以通过图标让用户自己访问。

会员优惠是根据会员等级等个人信息提供针对型商品的优惠或信息。e-商品券由100元、200元、300元三种面值组成，用于向第三者赠送礼物。菜篮子由专业营养师考虑价格和营养一起购买，好的蔬菜搭配起来会以折扣价推荐。押金是主要由长期会员使用的支付方式，但通过提供充值金额，押金可以有效地确保会员买到想要的商品。虽然是其他会员使用的结算方式，但是本品牌蔬菜可以提供充值，达到确保会员的效果。食用方法提供很多关于烹调方法和营养成分的信息。配送追踪是指通过输入装有GPS（全球定位系统）的快递车牌号，可以实时确认车辆位置的功能。直播可以通过设置在种植地、配送中心等地的摄像头确认企业的管理系统，如图7-8所示。

（a） （b）

图7-7 某蔬菜品牌手机应用程序快捷菜单

（a）

（b）

（c）

（d）

图7-8

（e）

（f）

（g）

（h）

图7-8　某蔬菜品牌手机购物浏览详情页面

　　商品详情页是顾客访问最多的网页，直接影响其购买行为，因此，设计应既美观又能最大限度地直观地确认商品信息（图7-9）。在网页上端可以在商品、详情、评估三个项目上选择相关信息。在商品项目上，可以通过滑动确认商品的照片，使用刺激食欲的高品质照片。此外还可以确认价格、有无配送费、相关推荐商品等。详情项目可以提供营养成分、烹饪方法、种植地等商品方面的详细而有益的信息。评价项目是购买者的评价，对于社会营销有不可忽视的影响力。评价的满意度有5颗星，评分分为好评、一般、差评三个等级，还可以显示具体的评价人数。在微信等社交媒体上，可以通过点击共享按钮将特定产品页面链接分享给别人。

（a）

（b）

（c）

图7-9　某蔬菜品牌手机应用程序产品详情页

（a）　　　　　　　　　（b）　　　　　　　　　（c）

图7-10　某蔬菜品牌手机应用程序申请会员，输入个人信息，登录页面

会员注册页面的设计尽量排除不必要的视觉干扰，并在背景上运用蔬菜的照片，提供该蔬菜品牌丰富而新鲜的图像。会员注册提供手机号和电子邮件地址注册两种方式。其中首先提供手机号码注册方式，强调注册过程的简便性。会员加入后提供选择功能，需要输入顾客的职业、年龄、性别等。以这种个人信息为基础，提供针对型推荐商品信息，引导会员注册和登录。登录屏设计与会员注册页面设计相似，简单操作登录，可通过手机、微信、微博、人人网等社交媒体账号登录。某蔬菜品牌手机应用程序申请会员，输入个人信息，登录页面如图7-10所示。

购物车是关于订单、商品、地址选择、会员信息及折扣等的信息系统，如图7-11所示。

（a）　　　　　　　　　　　（b）

图7-11　某蔬菜品牌手机应用程序购物车和订单页

图7-12是根据某蔬菜品牌手机购物的所有界面进行的绘制，线框图是整合在所有界面框架层的全部。通过安排和选择界面元素来整合界面设计，通过识别和定义核心导航系统来整合导航设计，通过放置和排列信息组成部分的优先级来整合信息设计，方便后期的后台人员进行开发测试。

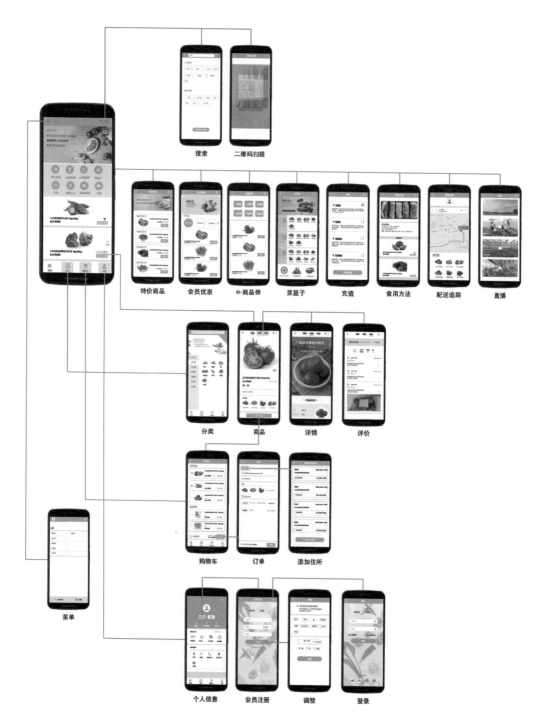

搜索　二维码扫描

特价商品　会员优惠　e-商品券　菜篮子　充值　食用方法　配送追踪　直播

分类　商品　详情　评价

购物车　订单　添加住所

菜单

个人信息　会员注册　调整　登录

图7-12　某蔬菜品牌手机应用程序线框

大多数农产品手机应用程序通过销售本地产品和其他生产商的产品，竞争性地利用弹出式广告作为营销工具。但是欲购买特定商品或品牌的使用者倾向于将广告看作是不必要的服务。因此，单一品牌"某品牌的蔬菜"除了利用社交媒体进行广告外，不会通过手机购物应用软件进行广告。新开设的该蔬菜品牌网上商城与本来生活、顺丰优选、沱沱工社、易果网等著名的农产品专业网上商城相比，该蔬菜品牌的优势如表7-8所示。某蔬菜品牌是以地区为基础的中小企业，以山东省2～4个城市为对象，是适合地区均衡发展的商场。将会员注册、结算方式简单化，强化简便性，不做弹出式广告和横幅广告，使顾客能够集中精力购物。另外，以储存个人信息为目的的购物建议和电子购物券等反映中国人送礼习惯的服务也是该蔬菜品牌独有的特色服务。

表7-8　某蔬菜品牌与其他B2C农产品专业网上商城服务的比较

企业名	某蔬菜品牌	本来生活	顺丰优选	沱沱工社	易果网
企业规模	地区中小企业	地区中小企业	大型企业	地区中小企业	大型企业
配送范围	山东省二、三、四线城市	全国一、二线城市	全国一、二、三线城市	北京、上海、一线城市	北京、上海、一线城市
平台	APP应用程序	网站、APP应用程序	网站、APP应用程序	网站、APP应用程序	网站、APP应用程序
注册会员	手机号、邮箱	手机号、邮箱、ID	手机号、邮箱、ID	手机号、邮箱	手机号、邮箱、ID
个人信息保存	没有	没有	没有	没有	没有
个人购物车	没有	提供	提供	提供	提供
直播	提供	没有	没有	提供	没有
菜单	提供	没有	没有	没有	没有
配送定位	短信提醒、配送GPS	短信提醒	短信提醒	短信提醒	短信提醒

续表

企业名	某蔬菜品牌	本来生活	顺丰优选	沱沱工社	易果网
商品券	提供	没有	没有	没有	没有
广告	没有	有	有	有	有
社交媒体	广告用	广告用	广告用	广告用	广告用
结算	支付宝、微信、货到付款、现金	支付宝、微信	支付宝、微信、货到付款、现金	支付宝、微信	支付宝、微信

第四节　交付阶段

　　交付阶段需要使用测试，在开发的早期和最后阶段反复进行，是需要该蔬菜品牌和潜在客户参与的部分。由于该蔬菜品牌的手机应用程序是作为前期低保真原型机创建的，因此对4位在该领域具有五年以上手机应用程序设计经验的人进行了第一次深度访谈。采访采用了网络可用性研究先驱雅各布·尼尔森（Jacob Nielsen）的启发式评估方法。评价因素包括系统的当前状态是否以可视化的方式呈现，是否与现实世界相匹配，是否给予适当的使用控制，是否一致和规范，是否有防止错误的设计。测试阶段主要测试的内容有：系统是否可以灵活高效地使用，是否具有美观简洁的设计，用户在发生错误时是否能够自行识别和修复，以及是否提供了足够的帮助给用户。根据第一次测试的结果，通过对问题的改进，制作出具有交互功能的高保真数字样机。在此基础上，对利益相关者和潜在客户进行二次可用性测试，并在进行最终修改后，开通一个手机应用程序。

第八章

系统性服务设计的整体流程

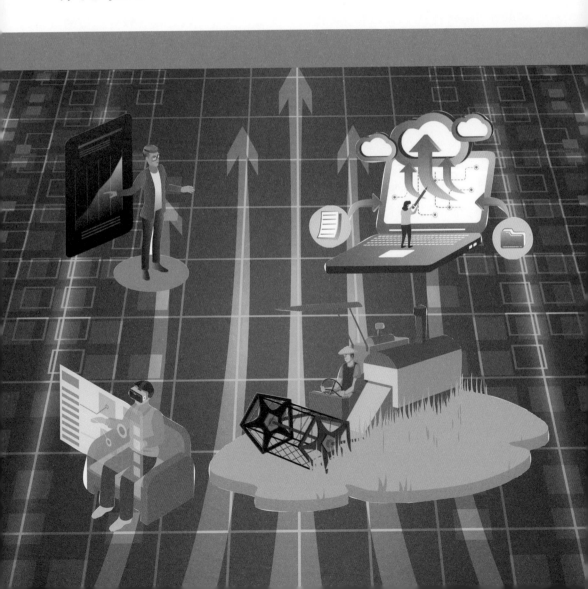

中国以快速增长的速度引领着世界电子商务市场，其中B2C网络购物能够快速发展的原因是"互联网+"政策、国民收入和消费能力的提高、移动支付、物流等相关产业的发展。在国家出台相关政策和产业发展的背景下，各种APP也有了长足的发展。主要体现在网购类、直播类、教育类、社区类四个APP，这四类都是当下比较热门的领域。本书通过分析这四大类APP界面服务设计的特点，总结归纳系统性服务设计的整体流程。本书侧重于对有机农产品APP的系统性服务设计开发，前期的分析对后期设计开发起到至关重要的作用。

中国传统的实体农产品市场至少要经过3~5个流通阶段，因此销售价格会逐渐上涨，而且也无法保障新鲜度。但是B2C移动网上商城省略中间商，直接与生产者或供应者进行交易，不仅可以保证品质，而且可以让顾客以更低廉的价格购买，企业也可以获得较高的利润。销售农产品的多种类型的网上商城等正在蓬勃发展，特别是新鲜的有机农产品。

中国顾客在移动网上商城购买有机新鲜农产品时，不仅重视商品的安全，还重视生产者或平台的知名度，以及移动网上商城的设计和便利性、结算的简便性及安全性等。但是大部分有机新鲜农产品移动网上商城都是站在供应者的立场上提供单方面的服务，忽视了顾客在购物全过程中所经历的服务体验价值。有机农产品移动网上商城主要是由大企业或跨国企业运营，对大城市和附近的顾客提供有限的购物服务。这样一来，由三、四线城市的中小企业主导的农产品生产和网上销售就出现了不均衡的情况。

为了解决这个问题，从服务设计的角度出发，本书提出了使用双钻石模型来建立移动网上商城的设计与创新建议。首先通过桌面研究的访谈，选择来自山东省寿光的某品牌蔬菜作为供应商。该蔬菜品牌在三线城市——寿光市有栽培地，所有蔬菜都得到有机产品认证，是信赖度和知名度较高的中小农产品栽培及销售企业。在五年的时间里，笔者制定了两个阶段的运营计划，新开发B2C移动网上商城应用软件。第一阶段两年，在山东省的青岛、烟台、济南、威海、潍坊共五个二、三线城市提供服务。在B2C市场上建立某品牌的品牌知名度之后，将在第二阶段的三年里面向山东省2~4个四线城市的顾客扩大销售。只在山东省内提供购物服务，其他地区也可为以当地为基础的中小农产品种植和销售企业提供开设移动网上商城的机会，以保持地区均衡发展。为了制作出符合客户需求的某蔬菜品牌的B2C移动网上商城应用软件，先后问卷调查了济南、青岛、烟台三个城市的实体商场。在桌面调查、供应商访谈、潜在顾客问卷调查的基础上，找到顾客与该蔬菜品牌的连接点，提出了生产者一站式服务流通网络。并通过绘制服务蓝图构建服务在移动网上商城应用程序开发中的作用。通过简化会员加入和结算方式，不做弹出广告，提供了便利性。此外，还开发了提供e-商品券等只属于某蔬菜品牌的差别化服务的低保真原型。最后构建完成的移动网上商城应用程序低保真原型，发布给设计专家和潜在客户。通过多阶段的可用性测试，建立高保真的原型，以确保移动网上商城的交互设计、服务、界面设计的完整性。

　　之后作为研究制作了高保真原型，运营该蔬菜品牌的移动购物应用软件，将为山东省的顾客提供针对性的购物服务。此外，从服务设计的角度来开发移动购物的应用程序，也采用了英国设计委员会的双钻石模型。笔者将继续研究服务设计的过程和方法，开发能反映中国文化、顾客购物习惯等的中国式服务设计过程和方法。

附 录

网购有机农产品消费者问卷调查计划和调查内容

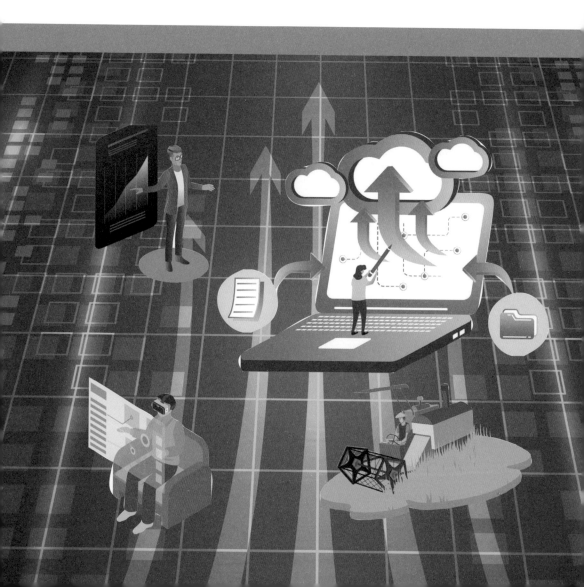

一、问卷调查计划

中国山东省某蔬菜品牌B2C网上商城计划开通，主要潜在客户以山东省居民为主进行调查。地点选在中国山东省济南市的银座超市、青岛市的家乐福超市和烟台市的沃尔玛超市。调查时间为2016年12月18日～28日，共11天。调查对象共300人，以每100名为一个单位分别在这三个城市展开调查。

1.调查内容：消费者对网购有机农产品的关系程度和购买意识。

2.调查对象：济南市银座超市、青岛市家乐福超市、烟台市沃尔玛超市的顾客，年龄在27～45岁。

3.调查工具：现场访问，纸质问卷。

二、网购有机农产品的消费意愿问卷调查

您好！本报计划对中国消费者网购有机农产品的关心程度进行调查，对网上购买有机农产品的想法进行调查。欲将贵方的意见活用为小寒材料，请对各项问题坦诚诚实的答复。我们对您所回答的内容都会进行匿名处理，我们承诺对您的个人资料彻底保密。衷心感谢您的宝贵的时间。

1. 性别：

☐男　　☐女

2. 消费者对食品安全的关心程度：

☐很高　　☐略高　　☐一般　　☐略低　　☐没有

3. 在网上购物商城购买有机蔬菜的购买意识：

☐很高　　☐略高　　☐一般　　☐略低　　☐没有

4. 网上有机蔬菜购物商城的价格：

☐比实体店价格低5%以上

☐比线下市场低不到5%

☐与实体市场相比，价格相同

☐比实体市场的购买价格高出1%~4%

□比线下市场贵5%以上的价格

5. 网上购物中心有机蔬菜的结算方式：

□存款结算　　□第三方结算　　□网上银行结算　　□货到付款

6. 网上购物后接收商品的方式和时间：

□面对面

□物品保管

□订购后3个小时以后配送

□上午订购，下午配送

□购买后1~2天内配送

7. 提供网上购物服务的服务：

□有机产品认证

□购买历史记录

□农产品详细信息

□多种商品和数量

□售后服务

参考文献

[1] 冯洪斌. 有机农产品消费者购买意愿及影响因素研究. 青岛：中国海洋大学，2013.

[2] 高喜涛. 新形势下生鲜农产品配送路径优化研究. 广州：仲恺农业工程学院，2015.

[3] 黄铖，冯仁德，郭珊. 生鲜农产品冷链物流运作模式研究. 东方企业文化，2013(15)：241，220.

[4] 卜韩旭. 基于用户体验的购物网站视觉传达设计研究. 合肥：合肥工业大学，2015.

[5] 林初有，汤旭东. 农产品电子商务模式分析与建议. 农业网络信息，2013（7）：112-114.

[6] 彭璧玉. 我国农业电子商务的模式分析. 南方农村，2011(6)：37-39，44.

[7] 李欣. B2C农产品电子商务发展对策研究. 中国商论，2012(2Z)：111-112，114.

[8] 李小锋. 农产品电子商务模式选择的影响因素分析. 武汉：华中农业大学，2014.

[9] 李小飞. 生鲜农产品物流配送组织模式研究. 杭州：浙江大学，2007

[10] 加里·斯奈德，詹姆斯·佩里. 电子商务. 成栋，译. 北京：机械工业出版社，2002.

[11] 刘静. 我国农产品电子商务发展现状及其对策研究. 武汉：华中师范大学，2014.

[12] 任峰，潘晔，问禹，等. 政府购买服务，究竟"买什么". 决策探索（上），2013（12）：36-37.

[13] Andy Polaine，Lavrans Lovlie，Ben Reason. 服务设计与创新实践. 王国胜，张盈盈，付美平，等译. 北京：清华大学出版社，2015.

[14] 杨颖. 生鲜农产品网购意愿影响因素的实证研究. 蚌埠：安徽财经大学，2015.

[15] 夏海龙. 我国有机农产品的市场前景分析. 中国农业信息，2009(5)：46-47.

[16] 黄蔚. 服务设计：用极致体验赢得用户追随. 北京：机械工业出版社，2020.

[17] 腾讯公司用户研究与体验设计部. 在你身边为你设计Ⅲ 腾讯服务设计思维与实战. 北京：电子工业出版社，2020.

[18] 李四达，丁肇辰. 服务设计概论：创新实践十二课. 北京：清华大学出版社，2018.

[19] 罗伯特·罗斯曼，马修·迪尤尔登. 最佳体验：如何为产品和服务设计不可磨灭的体验. 常星宇，盛昕宇，林龙飞，译. 北京：电子工业出版社，2021.

[20] 杨君宇，赵天娇，张赫晨. 视觉策略助推服务设计——VI 高手

之路. 北京：清华大学出版社，2020.

[21] 纽曼. 微服务设计. 崔力强，张骏，译. 北京：人民邮电出版社，2016.

[22] 胡飞. 服务设计：范式与实践. 南京：东南大学出版社，2020.

[23] 张淑君，王月英. 服务设计与运营：30余家品牌企业服务运营深度揭秘. 北京：中国市场出版社，2016.

[24] 王国胜. 服务设计与创新. 北京：中国建筑工业出版社，2021.

[25] 李四达. 交互与服务设计——创新实践二十课. 北京：清华大学出版社，2017.

[26] 任钢. 微服务设计 企业架构转型之道. 北京：机械工业出版社，2019.

[27] 肖金花. 超大城市自助养老服务设计. 北京：化学工业出版社，2021.

[28] 黄蔚. 服务设计驱动的革命：引发用户追随的秘密. 北京：机械工业出版社，2019.

[29] 季鸿，张云霞，何菁钦. 服务设计+：通信应用实践. 北京：清华大学出版社，2018.

[30] 郑天民. 微服务：设计原理与架构. 北京：人民邮电出版社，2018.

[31] Marc Stickdorn，Adam Lawrence，等. 这就是服务设计：服务设计工作者的实践指南. 吴佳欣，译. 台北：欧莱礼，2019.

[32] 王国胜. 触点：服务设计的全球语境. 北京：人民邮电出版社，2016.

[33] 陈嘉嘉，王倩，江加贝. 服务设计基础. 南京：江苏凤凰美术出版社，2018.

[34] 朱晓青. 银行服务设计与创新：运用设计思维重新定义银行转型. 北京：电子工业出版社，2018.

[35] 本·里森，拉夫朗斯·乐维亚，梅尔文·布兰德·弗吕. 商业服务设计新生代. 黄珏苹，译. 北京：中信出版社，2017.

[36] 郑子云. 设计的立场—扩展的服务设计观念. 北京：中国轻工业出版社，2014.

[37] 罗伯特·戴尼奥. 服务设计模式：SOAP/WSDL与RESTfulWeb服务设计解决方案. 姚军，译. 北京：机械工业出版社，2013.

[38] 余来文，林晓伟，封智勇，等. 互联网思维2.0：物联网、云计算、大数据. 北京：经济管理出版社，2017.

[39] 江涛. 互联网思维3.0. 北京：化学工业出版社，2019.

[40] 余来文，甄英鹏，苏泽尉，等. 互联网思维：直播带货的运营法则. 北京：企业管理出版社，2021.

[41] 刘锋. 互联网进化论. 北京：清华大学出版社，2012.

[42] 赵帅，王姗姗. 互联网运营全攻略——从小白到运营高手. 北京：化学工业出版社，2019.

[43] 丁华，聂嵘海，王晶. 互联网产品运营：产品经理的10堂精英

课. 北京：电子工业出版社，2017.

[44] 郑翔洲，吕宝利，陈扬. 新商业模式创新设计：当资本插上"互联网+"的翅膀. 北京：电子工业出版社，2015.

[45] 杜前. 互联网司法实践与探索. 北京：人民法院出版社，2021.

[46] [美]史蒂夫·凯斯. 互联网第三次浪潮. 靳婷婷，译. 北京：中信出版社，2017.

[47] 段永朝. 互联网思想十讲：北大讲义. 北京：商务印书馆，2014.

[48] 徐全安. 运营之上：互联网业务的全局运营方法论与实践. 北京：电子工业出版社，2021.

[49] 赵帅. 破局：互联网+教育. 北京：化学工业出版社，2018.

[50] 九枝兰. 营销大咖说：互联网营销方法论与实战技巧. 北京：人民邮电出版社，2017.

[51] 金震宇，房迎. "互联网+政务服务"实践. 北京：经济日报出版社，2021.

[52] 中国网络空间研究院. 中国互联网发展报告2020. 北京：电子工业出版社，2020.

[53] 赵林度. "互联网+"生鲜农产品供应链. 北京：科学出版社，2021.

[54] 刘宏新. 能源互联网企业建设背景下的线损精益管理. 北京：中国电力出版社，2021.

[55] 王迎帅. 工业互联网创新实战. 北京：电子工业出版社，2021.

[56] Carol炒炒，汤圆. 一个APP的诞生2.0——从零开始设计你的手机应用. 北京：电子工业出版社，2020.

[57] 胡保坤. APP运营推广. 北京：人民邮电出版社，2015.

[58] 安辉. Android App开发从入门到精通. 北京：清华大学出版社，2018.

[59] 夏雪峰. App营销应该这样做. 北京：人民邮电出版社，2015.

[60] 刘源. App草图+流程图+交互原型设计教程. 北京：电子工业出版社，2020.

[61] 李晓斌. App+软件+游戏+网站界面设计教程. 北京：电子工业出版社，2020.

[62] 秦超. 构建移动网站与APP：ionic移动开发入门与实战. 北京：清华大学出版社，2017.

[63] 孙芳. APP UI设计手册. 北京：清华大学出版社，2018.

[64] 张洁，杨明辉. APP UI元素设计. 北京：清华大学出版社，2018.

[65] SkySeraph，潘旭玲. App架构师实践指南. 北京：人民邮电出版社，2018.

[66] 欧阳燊. Android App开发入门与项目实战. 北京：清华大学出版社，2021.

[67] 曾健生. App后台开发运维和架构实践. 北京：电子工业出版社，2016.

[68] 谭贤. APP运营推广. 北京：人民邮电出版社，2016.

[69] 甘霖，李雪. APP UI设计之道. 北京：清华大学出版社，2018.

[70] 沈超. APP创客：从创意到生意. 北京：人民邮电出版社，2015.

[71] 吕皓月. APP蓝图——Axure RP7.0移动互联网产品原型设计. 北京：清华大学出版社，2015.

[72] 钱静斐. 中国有机农产品生产、消费的经济学分析——以有机蔬菜为例. 北京：经济科学出版社，2015.

[73] 中国绿色食品协会有机农业专业委员会. 有机农产品知识百科：有机果品生产与管理. 北京：中国标准出版社，2015.

[74] 中国绿色食品协会有机农业专业委员会，有机农产品知识百科：有机奶牛养殖及有机乳制品生产与管理. 北京：中国标准出版社，2015.

[75] 张赵晋. 供给侧改革下有机农产品电子商务创新研究. 成都：电子科技大学出版社，2019.

[76] 张新民. 中国有机农产品市场发展研究. 北京：中国农业出版社，2011.

[77] 胡永铨. 商贸流通业的创新与发展——基于中国经验的案例研究. 北京：经济科学出版社，2012.

[78] 杨凤. 商品流通理论与实务. 北京：清华大学出版社，2013.

[79] 张全，陈超. 商品流通企业会计实操技能. 北京：中国人民大学出版社，2021.

[80] 王云，王先庆，欧开培. 水果流通论——基于广州连锁超市经营视角. 北京：经济管理出版社，2018.

[81] 柳思维，黄福华，等. 新兴流通产业发展研究. 北京：中国市场出版社，2007.

[82] 王先庆，郑红军，房永辉. 农产品流通. 北京：经济管理出版社，2020.

[83] 石明明. 流通机制研究. 北京：经济科学出版社，2015.

[84] 王锦良. 流通产业与经济发展——理论分析、中国经验与政策选择. 杭州：浙江大学出版社，2015.

[85] 刘洋. 网络购物节中消费者购物行为研究. 北京：科学出版社，2019.

[86] 焦阳. 网络购物的发展对消费者行为变化的影响研究. 成都：西南财经大学出版社，2017.

[87] 曾静平，牛继舜，李莉. 网络购物产业. 北京：北京邮电大学出版社，2015.

[88] 李玉萍. 网络购物顾客重购意愿的影响因素研究. 北京：经济科学出版社，2016.

[89] 李波. 网络购物商品质量管控及其演进研究. 北京：知识产权出版社，2018.

[90] 于婷婷. 网络购物行为研究——基于在线互动与感知价值的实证分析，武汉：华中科技大学出版社，2013.

[91] 国家食品药品监督管理总局科技和标准司. 食品安全标准应用实务. 北京：中国医药科技出版社，2016.

[92] 王颖，易华西. 食品安全与卫生. 北京：中国轻工业出版社，2018.

[93] 胡锦光，孙娟娟. 食品安全监管与合规：理论、规范与案例. 北京：中国海关出版社，2021.

[94] 孙黎. 蓝军战略. 北京：机械工业出版社，2018.

[95] 武永梅. 顾客行为心理学. 苏州：古吴轩出版社，2016.

[96] 王伟. 支付方法论. 北京：机械工业出版社，2021.

[97] 曹兵强. 支付平台架构：业务、规划、设计与实现. 北京：电子工业出版社，2020.

[98] 埃里克·杰克逊. 支付战争：互联网金融创世纪. 徐彬，王晓，译. 北京：中信出版社，2015.

[99] 朱瑞霞. 跨境电商支付与结算. 上海：复旦大学出版社，2021.

[100] 史浩. 互联网金融支付. 北京：中国金融出版社，2016.

[101] 马效峰，冀秀平. 产业互联网平台突围：在线支付系统设计与实现. 北京：机械工业出版社，2020.

[102] 马梅，朱晓明，周金黄，等. 支付革命：互联网时代的第三方支付. 北京：中信出版社，2014.

[103] 支付宝AUX团队. 支付宝体验设计精髓. 北京：机械工业出版社，2016.

[104] 中国支付清算协会. 移动支付安全与实践（2020）. 北京：中国金融出版社，2020.

[105] 徐茜. 支付宝、微信支付营销实战：抢占移动互联网营销新入口. 北京：人民邮电出版社，2016.

[106] 郭田勇. 中国现代支付体系变革及创新. 北京：中国金融出版社，2014.

[107] 十国集团中央银行支付结算体系委员会. 支付体系比较研究. 北京：中国金融出版社，2005.

[108] 王铎. 新印象解构UI界面设计. 北京：人民邮电出版社，2019.

[109] 本·施耐德曼. 用户界面设计——有效的人机交互策略. 6版. 郎大鹏，刘海波，马春光等，译. 北京：电子工业出版社，2017.

[110] 珍妮弗·泰德维尔. 界面设计模式. 2版. 蒋芳，译. 北京：电子工业出版社，2013.

[111] 刘娟，张春鹏. 界面设计. 北京：清华大学出版社，2021.

[112] 李洪海，石爽，李霞. 交互界面设计. 北京：化学工业出版社，2019.

[113] [美] 大卫·伍德. 国际经典交互设计教程：界面设计. 孔祥富，译. 北京：电子工业出版社，2015.

[114] 张晓景，李晓斌. 移动UI界面设计（微课版）. 北京：人民邮电出版社，2018.

[115] 肖睿，杨菊英，李丹，等. 移动UI界面设计. 北京：人民邮电出版社，2019.

[116] 戴夫·布朗. 苹果APP界面设计你该知道的大小事. 李强，译. 北京：电子工业出版社，2016.

[117] 肖恩·韦尔奇. iOS App界面设计创意与实践. 郭华丰，译. 北京：人民邮电出版社，2013.

[118] 张发凌. 淘宝搜索优化、营销、推广与流量分析一本就够. 北京：人民邮电出版社，2016.

[119] 张烈生. B2B销售原理与实践. 北京：人民邮电出版社，2020.

[120] 阎志. B2B 4.0：新技术应用引爆产业互联网. 杭州：浙江大学出版社，2019.

[121] 菲利普·科特勒，弗沃德. B2B品牌管理. 楼尊，译. 上海：格致出版社，2008.

[122] 赵雅君，简惠宽，许宇航. 营销标准化：B2B新利器. 北京：中国科学技术出版社，2021.

[123] 刘宇航. 赢在B端：B2B品牌营销增长手册. 北京：中国纺织出版社，2021.

[124] 陆和平. 销售是个专业活. 北京：企业管理出版社，2016.

[125] 周洁如. B2B营销：理论体系与经典案例. 上海：上海交通大学出版社，2015.

[126] 欧志敏. B2B网络交易实务. 北京：中国人民大学出版社，2018.

[127] 王鹏虎. B2B电子商务：领先企业成长引擎. 北京：企业管理出版社，2013.

[128] 范定希. B2B品牌战略. 上海：上海交通大学出版社，2018.

[129] 曹园园. B2C电子商务整体用户体验与顾客忠诚的驱动关系研究. 杭州：浙江大学出版社，2018.

[130] 肇丹丹. B2C互动对渠道转换行为的影响. 北京：经济管理出版社，2017.

[131] 赵丽娜. B2C环境下不同反馈主体服务补救研究. 北京：中国社会科学出版社，2019.

[132] 裴一蕾. B2C电子商务企业顾客体验实证研究. 北京：中国经济出版社，2015.

[133] 邢波涛，郭娟. B2B2C网上商城开发指南——基于SaaS和淘宝API开放平台. 北京：电子工业出版社，2011.

[134] 曾小春. B2C电子商务非技术风险研究. 北京：光明日报出版社，2009.

[135] 鞠晔. B2C电子商务中消费者权益的法律保护. 北京：法律出版社，2013.

[136] 吕洪兵. B2C网店社会临场感与粘性倾向的关系研究. 北京：光明日报出版社，2013.

[137] 蒋侃. B2C多渠道消费行为研究. 武汉：华中科技大学出版社，2011.

[138] 浙江淘宝网络有限公司. C2C电子商务创业教程. 北京：清华大学出版社，2008.

[139] 刘佳. C2C电子商务创业教程. 3版. 北京：清华大学出版社，2013.

[140] 曹琳. C2C网店运营与管理. 青岛：中国海洋大学出版社，2007.

[141] 杜焕香. C2C网店经营与管理. 北京：北京大学出版社，2013.

[142] 朱闻亚. 基于C2C电子商务创业的理论与实践研究. 武汉：武汉大学出版社，2013.

[143] 杨丽华，邓德胜. 服务营销理论与实务. 北京：北京大学出版社，2009.

[144] Li Chen. The Research on the Design of Shopping APP Interface in the Mobile Internet Era. Chinese Master's Theses Full-text Database，2014.

[145] Mary Jo Bitner. Servicescapes： The Impact of Physical Surroundings on Customers and Employees. Journal of Marketing，1992，56（2）：57-71.

[146] Mary Jo Bitner, Amy L. Ostrom, Felicia N. Morgan. Service Blueprinting: A Practical Technique for Service Innovation. California Management Review，2008，50（3）：66-94.

[147] Nicola Morelli, Christian Tollestrup. New Representation Techniques For Designing In A Systemic Perspective. Engineering and Product Design Education Conference，2006：81-86.

[148] Ying-Feng Kuo, Chi-Ming Wu, Wei-Jaw Deng. The Relationships among Service Quality, Perceived Value, Customer Satisfaction, and Post-purchase Intention in Mobile Value-added Services. Computers in Human Behavior, 2009, 25（4）: 887-896.

[149] Weidong Liu, Chao Ma, Zhiying Tu, Xiaofei Xu, Zhongjie Wang. A Multi-Thread Auto-Negotiation Method for Value Conflict Resolution in Transboundary Service Design. Journal of Service Science and Management, 2021, 14（03）: 262-280.

[150] Eun Yu, Daniela Sangiorgi. Exploring the transformative impacts of service design: The role of designer-client relationships in the service development process. Design Studies, 2018（55）: 79-111.

[151] Nina Costa, Lia Patrício, Nicola Morelli, Christopher L. Magee. Bringing Service Design to manufacturing companies: Integrating PSS and Service Design approaches. Design Studies, 2018（55）: 112-145.

[152] Jakob Trischler, Simon J. Pervan, Stephen J. Kelly, Don R. Scott. The Value of Codesign: The Effect of Customer Involvement in Service Design Teams. Journal of Service Research, 2018, 21（1）: 75-100.

[153] Seidali Kurtmollaiev, Annita Fjuk, Per Egil Pedersen, Simon Clatworthy, Knut Kvale. Organizational Transformation Through Service

Design: The Institutional Logics Perspective. Journal of Service Research, 2018, 21（1）: 59-74.

[154] Monica J. Barratt, Raimondo Bruno, Nadine Ezard, Alison Ritter. Pill testing or drug checking in Australia: Acceptability of service design features. Drug and Alcohol Review, 2018, 37（2）: 226-236.

[155] Meri Duryan, Hedley Smyth. Service Design and Knowledge Management in the Construction Supply Chain for an Infrastructure Programme. Built Environment Project and Asset Management, 2019（1）: 118-137.